Petra Krivy

1 Hund & 1000 Fragen

Müller Rüschlikon

Einbandgestaltung: R2 I Ravenstein, Verden
Titelbild: © DoraZett/stock.adobe.com
Foto auf der Umschlagrückseite: © Eva/stock.adobe.com

Bildnachweis: siehe Seite 158

ISBN 978-3-275-02244-1

Postfach 103743, 70032 Stuttgart
Ein Unternehmen der Paul Pietsch Verlage GmbH & Co. KG

1. Auflage 2022

Sie finden uns im Internet unter:
www.mueller-rueschlikon-verlag.de

Lektorat: Claudia König
Innengestaltung: R2 I Ravenstein, Verden
Druck und Bindung: Graspo CZ, 76302 Zlin
Printed in Czech Republic

INHALT

1 Hund & 1000 Fragen

INTRO

Ich hab da mal 'ne Frage!

Wie oft hört ein Hundetrainer, aber zum Beispiel auch ein Hundehalter, der aufgrund eines älteren Hundes als erfahrener gilt oder weil er »schon immer« Hunde hatte, diese Frage von frischgebackenen »Hundeeltern« oder Menschen, die das bald werden möchten. Manche Fragen erscheinen dabei vielleicht banal, aber sind sie erst mal gestellt, kommt man doch ins Grübeln. Wie war das noch mal?

Vor diesem Hintergrund entstand dieses Buch, eine kleine und definitiv unvollständige Sammlung verschiedener, aber häufig gestellter Fragen. Ich bedanke mich ausdrücklich bei den Kunden meiner Hundeschule »Tatzen-Treff«, die bei der Erstellung des Fragenkatalogs kräftig mitgeholfen haben!

Die Antworten sind Orientierungen und Richtangaben. Ausführliche Verhaltensanalysen und Trainingsanleitungen können und sollen in diesem Rahmen nicht gegeben werden, dazu gibt es spezielle Literatur. Auch gehören gewichtige Fragestellungen und Sorgen bereitende Verhaltensweisen des Familienhundes in die Ohren und Hände des Hundetrainers/der Hundetrainerin vor Ort, damit gemeinsam eine zielführende Antwort gefunden werden kann.

Ich bitte herzlich um Verständnis, dass ich aus Gründen der besseren Lesbarkeit im Buchtext auf die gleichzeitige Verwendung der Sprachformen männlich, weiblich und divers verzichtet habe. Das bitte ich ausdrücklich nicht als Mangel an Respekt zu verstehen. Sämtliche Personenbezeichnungen gelten gleichermaßen für alle Geschlechter.

Ich hoffe, Sie haben mindestens so viel Spaß beim Lesen wie ich Freude an der Zusammenstellung von Fragen und Antworten hatte. Und vielleicht gibt es sogar für den erfahreneren Hundefreund den einen oder anderen Aha-Effekt. Wurde Ihre Frage nicht beantwortet, so dürfen Sie diese gerne an mich schicken. Vielleicht gibt es ja in der nahen Zukunft einen zweiten Band.

Auf geht's – Wer weiß denn so was?

Ihre *Petra Krivy mit Asha*

www.tatzen-treff.de

RUND UM DIE **BÜROKRATIE** DER HUNDEHALTUNG

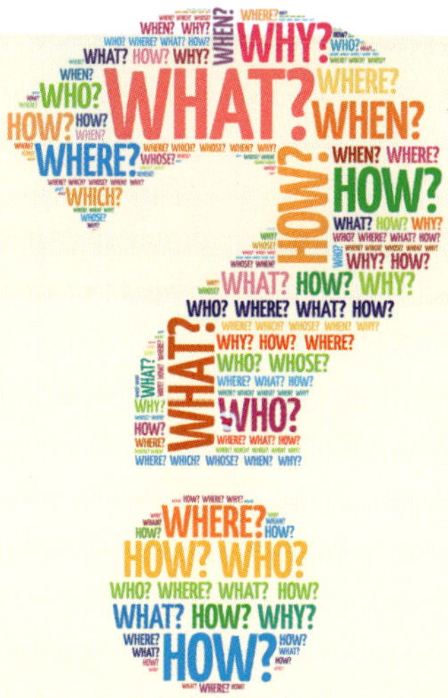

Braucht man beim Hundekauf einen Kaufvertrag?

Ein Kaufvertrag kann schriftlich, aber durchaus auch mündlich abgeschlossen werden, wobei sich Letzteres im Falle eines Falles schnell als ungünstig erweisen kann, wenn Sie nämlich zugesicherte Eigenschaften, zum Beispiel die Gesundheit oder Rassezugehörigkeit betreffend, nicht belegen können. Daher ist es besser, immer etwas Schriftliches in den Händen zu haben, selbst beim Kauf eines Mischlings und sogar bei einer Schenkung. § 90a BGB stellt zwar ausdrücklich fest, dass Tiere einer Sache nicht gleichzusetzen sind, jedoch gelten die Vorschriften in Bezug auf Sachen eben auch für Tiere. Daraus entwickeln sich unter anderem Gewährleistungsansprüche des Käufers dem Verkäufer eines Tieres gegenüber. Auch Diebstahl und »Beschädigung« eines Tieres sind aus diesem Zusammenhang strafrechtlich verfolgbar.

Übrigens: Pfändbar ist ein Hund nicht, das untersagt § 811 ZPO.

Gibt es eine Art Einwohnermeldeamt für Hunde, wo ich den Neuzugang melden muss?

Hunde müssen beim zuständigen Ordnungsamt der jeweiligen Stadt oder der Gemeinde angemeldet werden. Hier wird geprüft, ob die regional geltenden Voraussetzungen für die Haltung des Hundes erfüllt sind (zum Beispiel Sachkundenachweis des Hundehalters, polizeiliches Führungszeugnis und Haltungsgenehmigung bei Hunden bestimmter Rassen). Für die Anmeldung wird im Allgemeinen ein Zeitrahmen von zwei bis vier Wochen nach Übernahme des Hundes angesetzt. Durch die Anmeldung wird der Hundehalter für die Entrichtung der Hundesteuer erfasst, welche eine Pflichtabgabe ist.

Übrigens: Bereits in einer Verordnung der Stadt Offenbach am Main vom 28. Februar 1807 wurde eine Hundesteuer festgesetzt. Die Einnahmen dienten der Tilgung von Kriegsschulden!

Welche Dokumente braucht man für die Haltung/Anmeldung eines Hundes?

Jedes Bundesland hat eigene Vorschriften und Maßgaben zur Haltung von Hunden, speziell zur Haltung von Hunden bestimmter Rassen. Daher ist anzuraten, bei der regional zuständigen Behörde des Heimatortes nachzufragen. Um einen Hund bei der zuständigen Ordnungsbehörde anzumelden, braucht man in der Regel:

- Personalausweis mit Anschrift oder Meldebestätigung des künftigen Halters
- Angaben zum Geburtstag (genau oder circa) und der Rasse/des Hundetyps
- Chipnummer des Hundes (die Nummer des Mikrochips sollte im Haustierregister registriert sein, sonst nützt der Chip allein bei Verlust des Tieres auch nicht viel)
- Geld zum Bezahlen der Gebühren
- Sachkundenachweis (kann auch binnen vier Wochen nachgereicht werden und wird in einigen Bundesländern nur bei bestimmten Hunderassen verlangt)
- Bei Hunden bestimmter Rassen/Typen zusätzlich: polizeiliches Führungszeugnis

Muss für jeden Hund Hundesteuer entrichtet werden?

Die Hundesteuer ist eine Pflichtabgabe für privat gehaltene Hunde ab vollendetem dritten Lebensmonat. Dabei steht es den Städten und Gemeinden frei, die Höhe der zu entrichtenden Steuer und eventuelle Staffelungen (zum Beispiel höhere Sätze bei der Haltung mehrerer Hunde oder bei Hunden bestimmter Rassen) festzusetzen, Nachlässe (zum Beispiel aufgrund bestimmter Ausbildungszertifikate oder Prüfungsbescheinigungen) oder auch Befreiungen (zum Beispiel für Dienst- und Assistenzhunde, Wachhunde oder gewerblich gehaltene Hunde) auszusprechen.

Wann kann ich für einen Wachhund eine Reduzierung oder Befreiung von der Hundesteuer beantragen?

Liegt das zu bewachende Grundstück mindestens 200 Meter Luftlinie von anderen bewohnten Gebäuden entfernt, kann bei der zuständigen Stadt/Gemeinde ein Antrag gestellt werden. Die Bewilligung obliegt der jeweiligen Behörde.

Was bedeutet es, wenn ein Hund »gechippt« ist?

Ein Chip ist ein circa zwölf Millimeter kleiner Mikrotransponder, der dem Tier unter die Haut

Großwüchsige Hunde müssen alle gechippt sein.

gesetzt wird und mit dem umliegenden Hautgewebe verwächst. Er ist aus völlig unbedenklichem Material und trägt lediglich eine 15-stellige Transpondernummer, die von außen mit einem speziellen Lesegerät abgelesen werden kann. Ist diese Nummer bei einem Haustierregister gespeichert, so lässt sich das Tier anhand der hinterlegten Daten einem Besitzer zuordnen. **Wichtig:** Die Registrierung im Haustierregister und die Aktualisierung der Anschrift bei Umzug muss der Hundebesitzer selber veranlassen, dies geschieht nicht automatisch! Welpen aus kontrollierter Zucht werden vor Abgabe an die neuen Besitzer gechippt, jedoch kann auch individuell in jedem Tieralter der Chip gesetzt werden und sorgt dadurch für eine eindeutige Identifikationsmöglichkeit. Die Hundegesetze und -vorschriften der verschiedenen Bundesländer schreiben für die meisten Hunde eine Verpflichtung zum Chippen vor.

Was ist ein Haustierregister?

Zur Zeit gibt es zwei große Haustierregister, bei welchen Tierhalter die Chipnummer ihres Haustieres registrieren lassen können. Diese sind Findefix und Tasso, wobei Tasso das bekanntere sein dürfte. Die dortige Registrierung ist kostenlos, Spenden werden gern angenommen und sinnvoll eingesetzt. Im Falle des Weglaufens oder Auffindens eines Tieres kann man über die 15-stellige Chipnummer die hinterlegten Daten des Halters herausfinden und das Tier wieder ins eigene Zuhause überstellen.

Welche Versicherungen sind für einen Hund sinnvoll?

Die wohl wichtigste Versicherung überhaupt ist die Hundehaftpflichtversicherung. In den meisten Bundesländern ist sie Pflicht, einige schreiben sie aber auch nur für bestimmte Rassen vor. Beim Abschluss einer Hundehaftpflichtversicherung sollte man die Schadendeckungshöhe und eventuelle Ausschlusskriterien kritisch betrachten. Preiswerte Versicherungen regulieren oft nur bis zu einer relativ geringen Schadenshöhe und schließen alle Schäden innerhalb der Familie häufig aus. Auch die Regulierung für im Ausland eingetretene Schäden (Urlaubsreisen), wird eventuell verweigert. Man sollte sich gut beraten lassen und die Versicherungsbedingungen gründlich studieren, bevor man sich entscheidet und einen Abschluss tätigt.
Durchaus sinnvoll können eine Rechtsschutzversicherung für Hundehalter und für den Hund eine Krankenversicherung oder eine Operationsversicherung sein.

Darf unser Kind allein mit dem Familienhund Gassi gehen?

Kinder vor dem vollendeten 14. Lebensjahr dürfen gemäß § 28 STVO nicht alleine mit einem Hund im öffentlichen Raum in der Nähe von Straßen spazieren gehen. Konkret heißt es im Gesetzestext:
»(1) Haus- und Stalltiere, die den Verkehr gefährden können, sind von der Straße fernzuhalten. Sie sind dort nur zugelassen, wenn sie von geeigneten Personen begleitet sind, die ausreichend auf sie einwirken können.«
Der hier entscheidende Begriff »Person« ist juristisch klar definiert als ein Mensch nach dem vollendetem 14. Lebensjahr. Vorher gilt der Mensch als Kind.

Bin ich verpflichtet, Hundekot aufzuheben?

Im öffentlichen Raum ist der Hundehalter verpflichtet, die Hinterlassenschaften seines Vierbeiners aufzusammeln und zu entsorgen. Bei Zuwiderhandlung kann ein Bußgeld verhängt werden, dessen Höhe in den unterschiedlichen Bundesländern variiert.

Übrigens: Hundehaufen stellen nicht nur eine Geruchsbelästigung dar, sie können auch Viren, Bakterien und Würmer enthalten und sind dadurch eine gesundheitliche Gefährdung – nicht nur für andere Hunde!

Auf was muss ich beim Transport meines Hundes im Auto achten?

Es gibt keine konkrete Vorschrift, wie ein Hund zu transportieren ist. Doch gibt es die Verpflichtung, ihn als Ladung zu sichern, sodass er nicht verletzt wird, aber auch im Falle eines Unfalls kein Verletzungsrisiko für andere Fahrzeuginsassen darstellt. Das besagt § 23 der Straßenverkehrsordnung (StVO).
Zur Sicherung des Hundes gibt es unterschiedliche Möglichkeiten. Im Kofferraum kann er in einer Box transportiert werden, die dann ihrerseits fest im Auto verankert wird und sicher stehen muss. Für diesen Fall sollte der Hund aber durch entsprechendes Boxentraining an das Verweilen in der Box gewöhnt werden. Der Hund sollte in der Box bequem sitzen und liegen können, der Untergrund sollte rutschfest sein. Wer keine Box im Kofferraum möchte (diese nehmen je nach Ausmaß wirklich viel Platz weg), kann den Hund ohne Box im Kofferraum transportieren, sollte dann aber ein Trennschutzgitter zum Fahrzeuginnenraum haben. In einem solchen Fall empfiehlt sich auch eine Gittertür zum Heck, sodass die Heckklappe offenstehen könnte, der Hund aus seinem »Kofferraumkäfig« aber nicht hinauskommt.

Kleinere Hunde können auch in einer gut gesicherten Box auf der Rücksitzbank oder dem Beifahrersitz transportiert werden oder ohne Box, dann aber angeschnallt auf der Rücksitzbank. Ein ungesicherter Transport im Fußraum des Beifahrersitzes entspricht nicht den Vorgaben der Ladungssicherung gemäß StVO und könnte im Falle eines Falles zu Bußgeld und Verlust des Versicherungsschutzes führen.

Was, wenn mein Hund verstorben ist?

Seit Längerem gibt es Tierbestattungsunternehmen, die den Hund abholen (häufig nur aus Tierarztpraxen, aber immer mehr auch beim Hundehalter zu Hause) und dann in einer Einzel- oder Sammelverbrennung einäschern lassen. Wenn Sie mögen, können Sie bei einer Einzeleinäscherung anwesend sein und die Asche Ihres Hundes in einer schönen Urne mit nach Hause nehmen. Oder Sie lassen sich diese nach erfolgter Verbrennung vom Bestatter rückführen oder zuschicken und können sie in ein Grab setzen. Die Asche darf auch im Wald verstreut werden. So können Sie Ihrer Fellnase eine letzte Ruhe an einem Ort ermöglichen, den Sie gemeinsam gern und oft aufgesucht haben. Bereits seit Mitte des 19. Jahrhunderts gibt es spezielle Tierfriedhöfe, die heute in fast jeder größeren Stadt zu finden sind. Dort findet Ihr treuer Freund im Einzel- oder Sammelgrab seine letzte Ruhe und der Ort wird für Sie zu einer bleibenden Stätte der Erinnerung.

Übrigens: Es gibt Städte, die auf bestimmten Friedhöfen eine Mensch-Tier-Bestattung genehmigen. Hier darf die Urne eines Tieres mit in das Grab eines Menschen zugesetzt werden.

Darf ich meinen Hund im Garten beerdigen?

Tote Heimtiere dürfen begraben werden, so besagt es das bundesdeutsche »Tierische Nebenprodukte-Beseitigungsgesetz« (TierNebG) in § 7 Abs 6. Es gibt also die Möglichkeit, den toten Hund im eigenen Garten zu beerdigen, das heißt auf einem privaten Grundstück. Der Ort, an dem das Grab ausgehoben wird, darf nicht in der Nähe (circa zwei Meter Abstand sind ausreichend) von öffentlichen Wegen und Plätzen oder Wasserschutzgebieten liegen.

Das Vergraben eines Hundes im Wald ist verboten. Das wäre nach dem Tierkörperbeseitigungsgesetz eine Ordnungswidrigkeit, für welche ein Bußgeld von bis zu 20.000 Euro festgesetzt werden kann.

Der Tierkörper sollte in ein Baumwoll- oder Leinenlaken eingewickelt werden, bitte keine nicht verrottenden Plastikfolien mit eingraben!

Da die natürlichen Verwesungsprozesse das Grab mit der Zeit absacken lassen, sollten bereits von Anfang an Steine oder Erde hügelig aufgeschichtet werden. Eine aufgelegte, feste Steinplatte oder Ähnliches verhindert das Ausbuddeln durch andere Tiere und kennzeichnet gleichzeitig die Grabstätte. Das Grab muss eine Mindesttiefe haben, es finden sich differierende Angaben von mindestens 50 bis 70 cm. Je nach Größe des Tieres ist es natürlich zu empfehlen, hier deutlich tiefer als das geforderte Mindestmaß zu gehen.

Es gibt einige Einschränkungen, die ein Vergraben im eigenen Garten verhindern. Sind Sie nur Mieter eines Hauses oder einer Wohnung mit Garten, dann besteht die Möglichkeit der Beerdigung im heimischen Umfeld theoretisch nicht, selbst wenn der Vermieter es genehmigen würde. Auch darf nur ein eigener einzelner Hund vergraben werden und das auch nur dann, wenn dieser nicht an einer meldepflichtigen Erkrankung verstorben ist. Generelle Informationen zu Möglichkeiten und kommunalen Vorschriften, gibt das regionale Veterinäramt. (Siehe auch: Was, wenn mein Hund verstorben ist?, Seite 12)

Mein Hund ist weggelaufen, was kann ich tun?

Läuft ein Hund weg und ist über einen längeren Zeitraum verschwunden, so ist das eine sehr nervenstrapazierende Angelegenheit! Hunde, die dazu neigen, sich schnell selbstständig auf Schusters Rappen zu begeben, gehören einfach nicht in den Freilauf. Hier geht es nicht nur um »ihren Spaß«, sie könnten beim Weglaufen zum Beispiel andere Tiere aufscheuchen und verletzen oder beim Überqueren von Straßen einen Unfall verursachen und natürlich auch selber verletzt werden.
Aber es gibt eben auch Situationen, aus welchen heraus ein Hund sich erschreckt und dann im Panikreflex davonläuft! Das kann zum Beispiel ein Schuss bei nicht schussfesten Hunden sein, ein Gewitterdonnern, was bei gewitterempfindlichen Hunden eine Reaktion auslöst, die Fehlzündung eines Fahrzeugs, die häufig gefürchteten Silvesterböller und Vergleichbares. Häufig reagieren Hunde auch auf Ballons am Himmel recht verunsichert und

schlagen die Flucht ein, wenn diese womöglich auch noch über ihnen zischend Luft ablassen.
Ist der Hund verschwunden, so sollte natürlich eine breit angelegte Suche organisiert werden. Gleichzeitig muss aber auch immer jemand im heimischen Domizil anwesend sein, weil Hunde sehr wohl den Weg nach Hause kennen und vielleicht auch dort hinlaufen. Eine gefüllte Futterschüssel vor der Tür lockt eventuell zusätzlich, einen Versuch ist es wert. Eine Telefonnummer muss angegeben werden und unter ihr immer jemand erreichbar sein. Ist der Hund gechippt – und hoffentlich auch registriert! – so sollte unverzüglich das zuständige Haustierregister informiert werden. Außerdem ist es sinnvoll, der zuständigen Polizeibehörde, dem Forstamt, dem Jagdaufseher und den im Umkreis befindlichen Tierärzten und Tierschutzorganisationen eine Mitteilung zukommen zu lassen. Auch in den sozialen Medien gibt es regional ausgerichtete Gruppen für vermisste Tiere, in welcher man ein Gesuch einstellen kann. Suchplakate an Bäumen, in Supermärkten und Tankstellen machen viele Menschen zusätzlich aufmerksam. Eine weitere Möglichkeit sind so genannte PET-Trailer, Hunde, die darauf ausgebildet wurden, Artgenossen zu finden. Aber auch mit guten Mantrailern kann die Suche ergänzt werden, denn den Geruch eines Hundes kann man ihnen ja leicht offerieren. Jäger und Förster besitzen häufig Drohnen mit Wärmebildkameras, die bei der Suche ebenfalls hilfreich sein könnten. Und wird ein angefahrenes Tier vermisst, bewährt sich eventuell auch ein Schweißhund.
Gibt es dann ein Happy End und der Hund kehrt wieder in sein Zuhause zurück, sollte auch beim Fehlen von offensichtlichen Verletzungen der Hund gründlich vom Tierarzt durchgecheckt werden um sicherzustellen, dass er keine inneren Verletzungen hat! (siehe auch Mein Hund hatte einen Unfall, Seite 47)

RUND UM AUSWAHL, ANSCHAFFUNG UND ERSTE TAGE

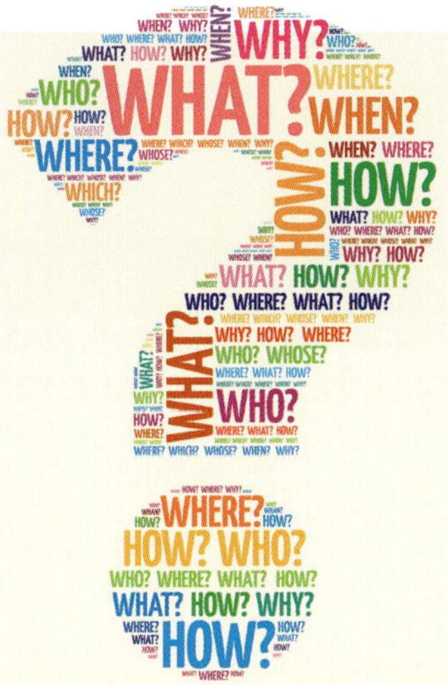

Was brauche ich anfangs alles für den Hund?

Steht der Einzug eines vierbeinigen Familienzugangs bevor, macht man sich oft völlig verrückt mit dieser Frage. Keine Sorge, so viel muss es am Anfang gar nicht sein und so manches ergibt und entwickelt sich erst, wenn der Hund da ist. Was auf der Anfangs-Checkliste nicht fehlen sollte, sind folgende Dinge:

- Futter- und Wasserschüssel
- Futter
- ein Ruheplatz (nach Geschmack Decke, Korb, Hundebett, Matratze o. Ä.)
- Leine, Halsband oder Geschirr (siehe auch: Halsband oder Geschirr?, Seite 131)
- Kotbeutel
- ein Spielzeug (weniger ist auch hier wieder mehr)
- etwas zum erlaubten Kauen und Beknabbern
- Bürste, Kamm
- für den Transport im Auto eine Box oder ein Anschnallgurt
- eine Zeckenzange

Nach welchen Kriterien wählt man einen Hund aus?

Auch wenn Herz und Optik eine wichtige Rolle spielen, so sollten sie nicht die entscheidenden Faktoren sein. Das gilt vor allem beim Welpen, denn letztlich sind alle Welpen süß, niedlich – und klein. Doch aus einigen kleinen Welpen werden große und sehr große Hunde, was ihnen manchmal zum Verhängnis wird. So groß wollte man dann doch nicht, Leidtragender ist der Hund – er muss womöglich wieder weg.
Jeder Hundetyp hat unterschiedliche Ansprüche in Bezug auf seine körperliche Konstitution, sein Temperament, seine Vorlieben und Talente. Und dann gibt es noch die Individualität, die das jeweilige Lebewesen ausmacht. Deshalb gibt es durchaus den futtermäkeligen Labrador, den Weimaraner ohne jegliche Passion im Wald, den faulen Husky, der nicht viel laufen mag und lieber im Garten in der Sonne döst, den jeden Fremden liebenden Wach- und Schutzhund oder den Kinder nervig findenden und auch aggressiv reagierenden Retriever, der als pauschal passender Familienhund angeschafft wurde.
Ein Hundekauf, heute gern als Hunde-Adoption bezeichnet, darf nie eine Blitzentscheidung aus dem Bauch ohne Beteiligung des Verstandes sein. Bewährt hat sich, mit der gesamten Familie (wobei mitredende Kinder doch schon etwas älter sein sollten) eine Liste mit »Was bieten wir?« (Zeit, Raum, Struktur usw.) und »Was möchten wir?« (Erwartungshaltung insgesamt und speziell) -Spalten zu erstellen. Hierbei darf man sich getrost Zeit nehmen und die Spalten nach und nach ergänzen. Mit dieser Liste kann

Was bieten wir dem Hund und was wünschen wir uns von ihm im Miteinander?

man sich dann beraten lassen, zum Beispiel durch Inhaber von Hundeschulen, die solche Beratungen vor der Hundeübernahme gern und oft sogar kostenlos oder kostengünstig anbieten. So sollte zusammenfinden können, was auch gut zusammenpasst. Und vielleicht werden sogar noch Ideen und Vorschläge offenbart, an welche man selber gar nicht gedacht hat.

Welche Hunderasse, welcher Hundetyp passt zu mir?

»Je besser man sich (...) vor der Anschaffung eines Hundes darüber informiert, worauf die Rasse oder der Typ selektiert wurde, welche Eigenschaften der Hund dem Zuchtziel oder dem früheren Verwendungszweck entsprechend mitbringen soll, und je ehrlicher man sich die Frage beantwortet, ob die eigenen Bedürfnisse und die aktuellen Lebensbedingungen den Bedürfnissen des Hundes gerecht werden, umso wahrscheinlicher ist es, dass das gemeinsame Leben harmonisch verlaufen wird.« (Maria Rehberger, Hunde achtsam führen, S. 55, animal learn Verlag 2021). Maria Rehberger bringt es auf den Punkt, dem ist nichts hinzuzufügen! Hundetrainer beraten gern bei der Auswahl des Hundes, egal ob Rasse oder Mix.

Haben unterschiedliche Hundetypen unterschiedliche Ansprüche?

Einfache Antwort: Ja! Durch die gezielten Zuchtmaßnahmen wurden bei Hunden bestimmte Merkmale verfestigt oder abgeschwächt. Je nach angedachter Nutzung wurden sie größer oder kleiner gezüchtet, ihre Verhaltenstendenzen und Fähigkeiten für die angedachten Einsatzgebiete spezialisiert. So entstanden Hüter, Treiber, Schützer, Wächter,

Stöberer, Lastenbeweger, Steller und Verbeller und einige andere. Schließlich verlangt jede Aufgabe nach anderen körperlichen und geistigen Fertigkeiten. Auch wenn es in der heutigen Zuchthandhabung weniger um Arbeitsfähigkeit und Gebrauchseigenschaften für einen Job innehabende Dienst- und Einsatzhunde geht, wirken sich natürlich diese grundlegenden Ursprungsziele aus, individuell mehr oder weniger ausgeprägt. Und dies führt in der Folge zu unterschiedlichen Ansprüchen an die Haltung und bedingt, warum Hund eben nicht gleich Hund ist.

Rassehund oder Hund aus dem Tierschutz? Was ist zu beachten?

Grundsätzlich sollte ein Rassehund von einem kontrollierten Züchter gekauft werden, der die so wichtige Phase der Welpenaufzucht nicht nur mit Herz, sondern auch (Sach-) Verstand kompetent ausübt. Von einem Züchter darf man kynologisches Grundwissen erwarten. Vieles kann in den ersten Wochen bereits völlig schieflaufen. Zu einem Rassehund gehört ein Abstammungsnachweis (die »Ahnentafel«) dazu – und zwar im Kaufpreis inkludiert und nicht »billiger ohne, teurer mit«! Rassehunde sind in der Regel teurer als Mischlinge, doch gilt auch das nicht generell. Für beliebte »Mischlingsrassen« wie Doodle, Swissdogs, Bollipoo und Co. werden teils horrende Preise verlangt – und auch bezahlt. Doch bleiben es Mischlinge! Für die geplante Verpaarung einander rassefremder Hunde gelten die gleichen Anforderungen an den Züchter: Auch hierbei entstehen Lebewesen, für deren Wohl der Mensch, der es hat entstehen lassen, Verantwortung trägt – und zwar über den Zeitpunkt des Verkaufs hinaus, emotional wie rechtlich. Gleiches gilt für »Nur-mal-einen-Wurf«-Welpen, Bauernhofwelpen oder auch »Unfall«-Hundekinder!
Beim Rassehundwelpen lassen sich bestimmte Körpermerkmale (zum Beispiel Größe, Gewicht, Haarart) und Passionen wie Verhaltenstendenzen wahrscheinlicher vorhersehen.

Hochleistungssportler wie Huskys fühlen sich in einer Großstadt mit nur drei kurzen Spaziergängen an der Leine durch den Stadtpark leicht unterfordert.

Ein wichtiges Kriterium in der Entscheidung für einen Rassehund ist, wenn zum Beispiel kleine Kinder in der Familie leben oder zukünftig dazukommen sollen und man sich über eventuelle Verhaltenstendenzen im Klaren sein möchte.
Der Mischling ist eher ein Überraschungspaket, vor allem, je jünger er bei der Übernahme ist. Bieten die eigenen Umstände und die individuelle Einstellung die Möglichkeit, sich auf das »Abenteuer« einzulassen, dann sollte die Auswahl trotzdem gründlich und nach genauer Überlegung des Was/Wen, Wann, Woher erfolgen.
Und genau diese Überlegungen gelten auch für die Übernahme eines Tierschutzhundes. Über die diversen Tierschutzorganisationen werden zumeist jugendliche oder erwachsene Hunde angeboten, die alle ihr Köfferchen an Erfahrungen (oft wenige bis schlechte mit Menschen gemachte) mitbringen.
Mittlerweile bieten viele Hundeschulen eine Beratung vor der Übernahme eines Hundes an. Diese Chance sollte man nutzen und im entspannten Gespräch alle Vor- und Nachteile und Entscheidungskriterien erörtern. Die Auswahl des zukünftigen vierbeinigen Familienmitglieds – immerhin einem fühlenden Lebewesen und keinem Stofftier – nur aus dem »Katalog« oder aus einer Internetbeschreibung und einem Bild ist sehr fragwürdig und abzulehnen.

Wer die Wahl hat ...

Übrigens: Die Behauptung, Mischlinge seien grundsätzlich gesünder, stimmt so pauschal nicht!

Welpe, Junghund oder älterer Vierbeiner – wen nehmen wir?

Einen Welpen aufzunehmen, hat natürlich immer einen besonderen Reiz. Das ganze Hundeleben liegt noch vor dem kleinen Energiebündel, man hat eine lange Zeit des Miteinanders vor sich. Die Übernahme eines so jungen Hundes bietet noch die größten Chancen der Einflussnahme auf die Individualentwicklung des Tieres. Dennoch ist sie kein 100%-iger Garant für ein optimal verlaufendes Gedeihen und eine störungsfreie Mensch-Hund-Beziehung.
Die Übernahme eines pubertierenden Jungspundes stellt ganz andere Herausforderungen dar. Hier vermag die unausgewogene hormonelle Lage des Schnösels zusätzliche Erschwernisse in der Eingliederungsphase zu verursachen. Hunde-Teenies sind in dieser Altersphase unter Umständen sehr mit sich selbst beschäftigt, schwanken zwischen Größenwahn und Überempfindlichkeit, Unsicherheit und Wagemut, demonstrieren Renitenz und Selbstüberschätzung. Dabei tragen sie bereits ihren Rucksack, gefüllt mit dem, was sie bisher erlebt haben – sei es positiv oder negativ gewesen. Zu diesem Zeitpunkt mit Regeln und Erziehungsmaßnahmen anzusetzen, ist deutlich schwerer und erfordert viel Fingerspitzengefühl und einen kühlen Kopf des Hundebesitzers. Da jede Umsiedlung von vornherein mehr oder weniger stressbehaftet ist, bildet auch die in diesem Alter normale geringere Stressfähigkeit zusätzliche Hürden. Der Alltag kann deshalb ausgesprochen anstrengend und nervenaufreibend sein, was womöglich gerade die erste Zeit des Miteinanders beeinträchtigt.
Bei einem erwachsenen Hund sieht man bereits die wesentlichen Charakterzüge und die psychische Gestimmtheit des Tieres. Doch

gerade bei Hunden aus dem Tierschutz ist eine eventuelle Unauffälligkeit im Verhalten oft zeitlich begrenzt, weil diese Hunde durch ihre Erlebnisse eventuell derart beeindruckt sind, dass sie erst nach einigen Wochen »auftauen« und ihr »wahres Gesicht« zeigen.
Auch Züchter geben gelegentlich erwachsene Hunde ab, sei es wegen Zuchtaufgabe oder aufgrund der Tatsache, dass sich der Hund unter züchterischem Aspekt nicht so optimal entwickelt hat, dass eine Zuchtverwendung möglich ist oder sinnvoll erscheint. Man mag davon halten, was man will, aber es kommt vor.
Auch gibt es spezielle Organisationen, die sich fast ausschließlich der Vermittlung erwachsener, auch älterer bis alter Hunde gewidmet haben. Hier sind es oftmals Vierbeiner, deren Besitzer sich aus Krankheits- oder Altersgründen von ihrem geliebten Gefährten trennen müssen. Dies ist sehr schmerzhaft und die Gewissheit, dass ihr »Schatz« ein gutes Zuhause findet, kann ihnen Trost spenden.

Groß, klein, Rüde, Hündin, Welpe, erwachsender Hund, Züchter, Tierschutz – Fragen über Fragen!

Rüde oder Hündin?

Rüden sind innerhalb einer bestimmten Rasse in der Regel größer, kräftiger, vom Fell her üppiger als Hündinnen. Das allein spielt manchmal bei der Entscheidungsfindung eine Rolle, vor allem bei eh schon großwüchsigen Hundetypen.
Rüden lieben es zu schnüffeln und zu markieren, Hündinnen werden zweimal im Jahr läufig. Häufig hört man die – definitiv falsche – Pauschalaussage, dass Hündinnen für eine Familie besser geeignet wären, weil sie ruhiger, sanfter und in Bezug auf Kinder toleranter seien.
Biologisch gesehen haben Rüden und Hündinnen andere, eben unterschiedliche Aufgaben im Leben. Vereinfacht heruntergebrochen kann man sagen: Obliegt es der Hündin, den Nachwuchs zur Welt zu bringen, zu versorgen und großzuziehen, wobei sie sich oft gern von weiteren Gruppenmitgliedern unterstützen lässt, so sorgt der Rüde für die Sicherung des eigenen Reviers und zeigt sich interessiert an allem, was sich in seinem Territorium so abspielt. Aus diesen grundsätzlichen Gegebenheiten wurden vermutlich die Mythen von den alle Kinder liebenden Hündinnen und den allzeit kämpfenden Rüden gesponnen. Pauschal zutreffend ist weder das eine noch das andere. Letztlich bleibt es eine Geschmacksfrage, beide Geschlechter bieten dies und das.

Übrigens: Es gibt Studien, die Verhaltensbiologen zu der These verleiten, dass es auch bei Hündinnen eine sogenannte Maskulinisierung gibt, das bedeutet eine Veränderung im äußeren Erscheinungsbild (größer, kräftiger, üppiger vom Haarkleid), aber auch vom Verhalten her gen

Rüde tendierend. Man spricht dann gern von einer Rüdin. Die Vermännlichung eines weiblichen Tieres kann erfolgen, wenn es in einem Wurf deutlich mehr männliche Nachkommen als weibliche gibt. Das weibliche Tier wird dann sehr früh mit einem erhöhten Anteil männlicher Hormone über den gemeinsamen Blutkreislauf im Mutterleib regelrecht überschwemmt, was entsprechende Folgen haben kann (nicht muss).

Wie viel Zeit pro Tag muss man für einen Hund einplanen, speziell für einen Welpen?

Hier eine Angabe in Minuten und Stunden zu geben, ist kaum möglich. Jeder Hund ist anders, jeder Mensch ist anders, Umstände sind unterschiedlich. Grundsätzlich ist aber zu sagen, dass das Miteinander mit einem Wepen sehr zeitintensiv ist. Der Welpe braucht deutlich mehr Beaufsichtigung und Anleitung als ein erwachsener Hund. Und damit ist nicht nur die Zeit für Erziehung gemeint, sondern das allgemeine Drumherum. Er muss noch häufiger, dafür aber kürzer nach draußen. Er kann noch nicht allein bleiben, hat dafür aber jede Menge »guter« Ideen im Kopf, die den Menschen nicht immer begeistern. Ist ein Welpe wach, ist er wie der sprichwörtliche Sack Flöhe, der gehütet werden muss. Man kommt zu nichts und ist nur noch platt! Durchschnaufen ist nur möglich, wenn der Welpe zwischendurch schläft, was er zum Glück relativ viel tut. Zumindest in den ersten vier bis sechs Lebensmonaten sollte ein junger Hund seinen Menschen zur Seite haben, in dieser Zeit dann aber auch bereits mit ihm lernen, gelegentlich ohne den Menschen zurückzubleiben. Dann kann der Hund auch durchaus ein paar Stunden am Tag alleine sein.

Ist der Hund dann älter, wird das Zusammenleben mit ihm etwas entspannter und »normaler«. Wie bei menschlichen Kindern hockt man nicht mehr ständig zusammen, sondern macht auch seine eigenen Dinge, selbst wenn man im gleichen Raum oder unter gleichem Dach ist. Hunde können sich auch mit sich selbst beschäftigen (oder sollten lernen es zu können), dösen oder schlafen einen großen Teil des Tages, was für ihre innere Ausgeglichenheit auch wichtig ist. Für Spaziergänge, Übungen, Spiel und gezieltes Miteinander müssen schon mehrere Stunden täglich eingerechnet werden. Gern darf es auch mal mehr sein, doch sollte und darf es auch nicht übertrieben werden.

Übrigens: Hunde, die ihre Tagesaktivität selbst bestimmen können, geben maximal 25 bis 30 Minuten pro 24 Stunden wirklich Gas, und das auch nicht zusammenhängend, sondern in mehreren kleineren Einheiten. Dem stehen 16 bis 18 Stunden Schlafen und wohliges Nichtstun gegenüber. Der Rest verteilt sich auf Sozialverhalten, gechilltes Durch-den-Wald-Schlendern, Nahrungsaufnahme und Sonstiges, so die Beobachtungen an verwilderten Haushunden.

Ich möchte einen zweiten Hund. Es ist doch bestimmt am besten, einen Welpen zu nehmen?

Die Übernahme eines jungen Hundes bietet gute Chancen der Zusammenführung, dennoch ist sie kein 100%-iger Garant für ein optimal verlaufendes Miteinander und eine störungsfreie Hund-Hund-Beziehung. Doch eine Garantie für DIE hundliche Kombination und DIE Paar-/Gruppenkonstellation gibt es eh nicht. Wir haben es immer mit Lebewesen zu tun, die sich individuell und als Gruppe entwickeln und vielen

Nicht immer ist ein Althund begeistert, wenn ein Welpe mit ins Haus einzieht.

Einflussfaktoren unterworfen sind. Hartnäckig hält sich in manchen Köpfen noch die Vorstellung eines »Welpenschutzes«, der angeblich einen Welpen grundsätzlich vor Übergriffen und Attacken von Althunden schützen soll. Ein (falscher!) Gedanke, der manch Zweithundwilligen gerade zur Adoption eines Welpen verleitet – und der fatale Folgen haben kann. Welpenschutz existiert nur in der eigenen sozialen Gruppe des Welpen, also dort, wo der Welpe hineingeboren wurde, und in Bezug auf die in dieser Gruppe lebenden Tiere. Wird der Welpe nun in einen neuen Hausstand gebracht, in welchem bereits ein oder mehrere Hund/e leben, so ist er dort ein Fremder, der eingegliedert werden muss beziehungsweise sich einzufinden hat. Kommt ein Welpe zu einem Rüden, so verläuft die Zusammenführung meist sogar einfacher, vorausgesetzt der Ersthund ist sozial kompetent agierend, was bei der Zusammenführung von mehreren Hunden im gleichen Hausstand immer ein wesentliches Kriterium ist. Rüden sind in der Regel im Umgang mit einem Welpen geduldiger und duldsamer, nehmen ihren »Erziehungsauftrag« etwas gelassener an. Hündinnen können in der Auseinandersetzung mit fremdem Genmaterial ausgesprochen zickig reagieren und Zurechtweisungen massiv ausfallen lassen bis offene Ablehnung mit Attacken zeigen.

***Übrigens:** Während in der Natur die männlichen Tiere für die Anleitung der heranwachsenden Welpen ab dem vierten Lebensmonat mit zuständig sind, stellt fremdes Genmaterial für die Hündin potenzielle Konkurrenz für ihre eigene – wenn auch überhaupt nicht vorhandene – Nachkommenschaft dar. Und Sippenerhalt steht nun einmal vor Arterhalt.*

RUND UM DIE **GESUNDHEIT, ERNÄHRUNG** UND **PFLEGE** DES HUNDES

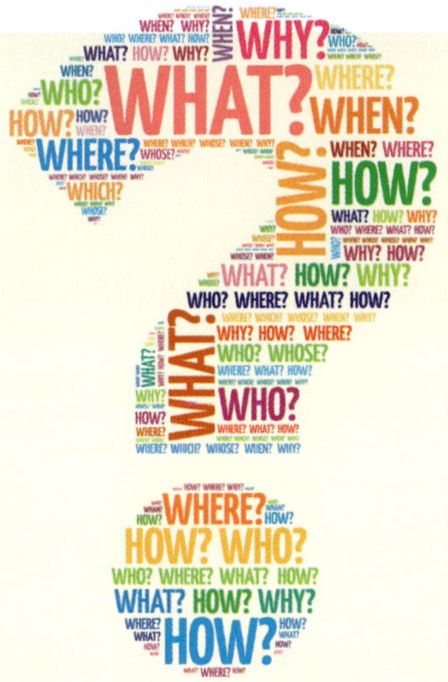

Wie oft soll mein Hund entwurmt werden?

Das ist eine Gretchenfrage, auf die es nicht wirklich DIE eine korrekte Antwort gibt. Einige Empfehlungen sprechen von zwei bis vier Entwurmungen pro Jahr. Andere Empfehlungen raten zu regelmäßigen Kotproben (Sammelprobe von Kot über drei Tage, die dann vom Tierarzt untersucht wird). Es gibt auch bei Tierärzten ein Testkit, welches Antigene von Spul-, Haken- und Peitschenwürmern im Kot nachweist. Fix und fertig für die Anwendung durch den Tierbesitzer vorbereitet, adressiert und frankiert, ist es eine einfache Sache. Leider erfolgt hierüber aber kein Nachweis von Bandwürmern.

Eine Entwurmung ist nie eine prophylaktische Maßnahme. Bereits am Tag nach einer Entwurmung kann ein Hund sich wieder neu infizieren, und nicht jeder Hund mit Wurmbefall hat bemerkbar Probleme damit. Doch ist ein Wurmbefall nicht ungefährlich. Er kann den Magen-Darm-Trakt schädigen und die korrekte Nahrungsaufnahme und -verwertung be- bis verhindern. Durchfälle, Erbrechen, Abmagerung und allgemeine Abgeschlagenheit können die Folge sein.

Die Aufnahme der Eier von Würmern erfolgt durch das Schnüffeln am Kot infizierter Tiere, durch Kontakt mit am Boden liegenden Eiern, durch das Fressen infizierter Tiere (Mäuse, Ratten, Maulwürfe!), auch das Verfüttern bestimmter Teile von rohem Fleisch wird mit benannt. Welpen infizieren sich über die Muttermilch.

Übrigens: Hundewürmer sind auf den Menschen übertragbar. Daher ist die regelmäßige Untersuchung und, so nötig, Behandlung des Hundes wichtig!

Muss ich meinen Hund entwurmen, obwohl er immer nur in unserem sauberen Zuhause ist?

Kein Hund ist NUR im sauberen Zuhause! Jeder Hund geht spazieren und kann sich bei dieser Gelegenheit mit Wurmeiern infizieren.

Sollte ich meinen Hund impfen lassen?

Ja! Zwar gibt es in Deutschland keine Impfpflicht für Hunde, doch sind zumindest Tollwut und Leptospirose auch auf den Menschen übertragbare Krankheiten (Zoonosen). Allein aus Tierschutzaspekten heraus empfiehlt sich die Impfung gegen die gängigen Infektionskrankheiten, da eine Infizierung für das Tier mit Schmerzen und Leid verbunden ist, im schlimmsten Fall tödlich verlaufen kann.

Gegen folgende Krankheiten kann geimpft werden:

- Staupe
- Parvovirose
- Leptospirose
- Hepatitis
- Zwingerhusten
- Tollwut

Hunde sollten unbedingt VOR einer Impfung entwurmt werden und keinerlei gesundheitliche Probleme zum Zeitpunkt der Impfung haben! Am Behandlungstag und am Tag danach sollten beanspruchende Aktionen abgesagt und dem Hund Ruhe gegönnt werden.

Übrigens: Gegen Tollwut geimpfte Hunde stehen rechtlich besser da, weil für ungeimpfte Tiere die sofortige Tötung behördlich angeordnet werden kann, wenn ein Kontakt zu einem an Tollwut erkrankten Tier stattgefunden hat. Ein Verdacht allein kann schon ausreichen.

Bei Reisen ins Ausland ist in den meisten Fällen für die Einreise ins Land ein wirksamer Schutz gegen Tollwut vorgeschrieben.

Was bedeutet HD?

HD steht für Hüftgelenksdysplasie, eine genetisch bedingte Entwicklungsstörung der Hüftgelenke (Fehlbildung in der jugendlichen Wachstumsphase). Hüftpfanne und Gelenkkopf passen nicht optimal zueinander; die Funktionalität des Gelenks ist nicht einwandfrei gegeben. Die Schwere der Ausprägung wird in verschiedene Kategorien von HD A (frei) bis HD E (schwer) eingeteilt. Ernährungsfehler und unangepasste Belastungen können die vorhandene Störung verstärken. Früher sprach man die Disposition nur großwüchsigen Hunden zu, jedoch können

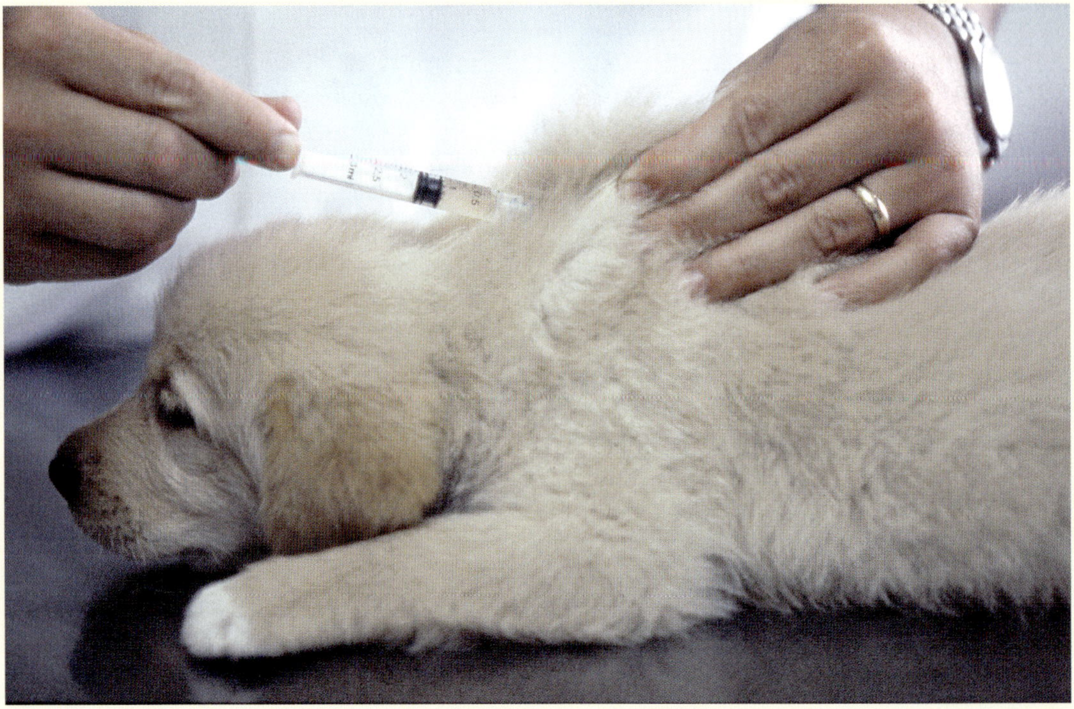

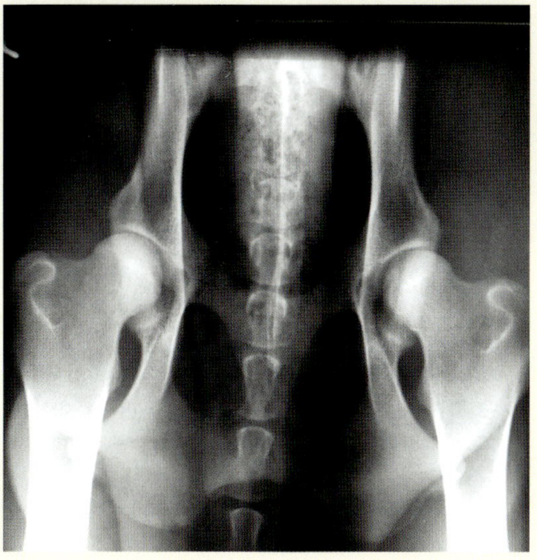

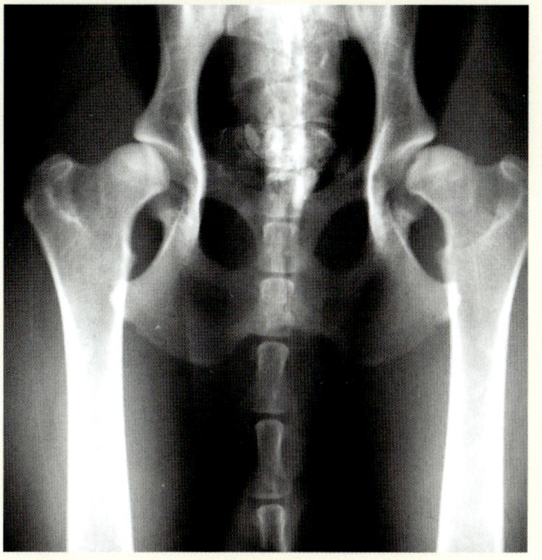

Röntgenbilder einer HD-freien Hüfte (links) und einer schweren HD (rechts).

alle Hundetypen betroffen sein, sogar Katzen in den letzten Jahren vermehrt. Bewegungsbehinderungen und gestörte Bwegungsabläufe, Arthrosen, diverse Verschleißerscheinungen und Schmerzen können Folgen der Fehlbildung sein. Eine Heilung ist nicht möglich, doch gibt es verschiedene Formen der Therapie.

Was bedeutet ED?

ED bedeutet Ellenbogendysplasie. Dieser Begriff beinhaltet mehrere wachstumsbedingte Erkrankungen des Ellbogengelenkes. ED hat eine hohe erbliche Komponente und ist wie HD nicht heilbar. Betroffen sind großwüchsige Rassen wie zum Beispiel Labrador und Golden Retriever, Rottweiler, Sennen- und Schäferhunde. ED bildet sich schon im Welpenalter, meist zwischen dem vierten und achten Monat. Auffallend häufig wird die chronische Wachstumserkrankung des Ellenbogens an den Vorderläufen bei jungen Rüden im Alter von bis zu zehn Monaten diagnostiziert.
Ein betroffener Hund hat Schmerzen beim Laufen, lahmt und weist Fehlstellungen des Gelenks auf. Die Therapie besteht neben einer Operation beispielsweise in der Physiotherapie und der Gabe von Entzündungshemmern.

Was bedeutet PL?

PL ist die Abkürzung für die Patellaluxation. Bei dieser Erkrankung, die sehr häufig bei kleinwüchsigen Hunden auftritt, springt die Kniescheibe (Patella) aus ihrer normalen Position heraus und beeinträchtigt den natürlichen Bewegungsablauf. Man unterscheidet verschiedene Schweregrade, die auch unterschiedliche Behandlungsmaßnahmen begründen. Eine PL ist schmerzhaft; die betroffene Pfote kann nicht mehr belastet werden, deshalb laufen Hunde dann typisch auf drei Beinen. Die Ursache ist multifaktoriell.

Welche Körpertemperatur ist beim Hund normal?

Die normale Körpertemperatur eines gesunden Hundes liegt zwischen 38° und 39° C. Sie ist damit höher als die des Menschen.
Die Temperaturmessung beim Hund erfolgt rektal.

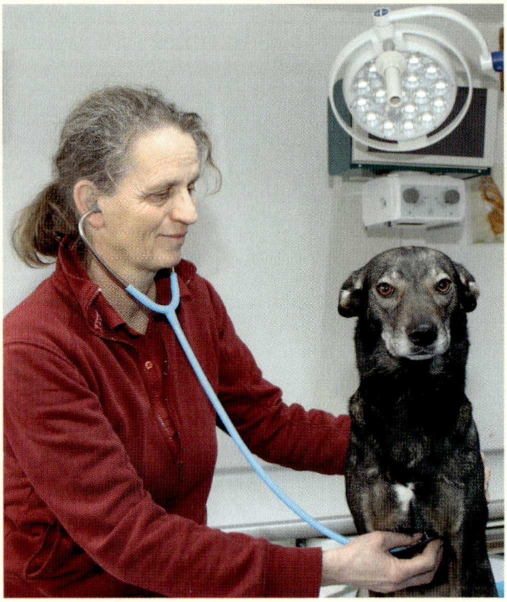

Regelmäßige Checks beim Tierarzt halten gesund!

Wieviel Zähne hat ein Hund?

Ein erwachsener Hund hat 42 Zähne, das Milchgebiss eines Welpen hat 28.

Wann brechen die Milchzähne durch und wann folgt das bleibende Gebiss?

Die Schneidezähne des Milchgebisses brechen im Alter von drei bis vier Wochen durch, ab der sechsten bis siebten Lebenswoche ist das Milchgebiss komplett. Auch beim Wechsel sind die Schneidezähne die ersten, die gehen: Sie fallen ab dem vierten/fünften Monat aus und machen den bleibenden Zähnen Platz. Der Rest folgt in den nächsten zwei bis vier Monaten.

Welche Pulsrate ist beim Hund normal?

Große Hunde haben 70 bis 100 Schläge pro Minute, kleinwüchsige 100 bis 130. Gemessen wird der Puls am Innenoberschenkel des Hinterlaufs. Welpen können eine sehr hohe Pulsrate auch von über 150 Schlägen haben.

Unser Hund zieht ganz merkwürdig Luft und macht komische Geräusche dabei. Er steht auch etwas steif, zieht die Nase kraus und wackelt mit dem Kopf. Ist das ein Erstickungsanfall und gefährlich?

Vermutlich ist mit dieser Beschreibung das sogenannte »Rückwärtsniesen« gemeint. Das hört sich schlimm an, ist aber harmlos. Es entsteht durch eine Reizung der Schleimhäute im Nasen-/Rachenraum und ist ein normaler Reflex. Er kann ausgelöst werden durch eine angespannte, aufregende Situation, aber auch durchs Fressen oder Trinken. Nach kurzer Zeit ist alles vorbei und wieder gut!

Wie viele Mahlzeiten pro Tag sollte ein Hund bekommen?

- Welpen bis zur circa zwölften Woche erhalten noch fünf Mahlzeiten am Tag.
- Welpen von 12. bis 16. Woche erhalten vier Mahlzeiten am Tag.
- Junghunde bis zum vollendeten sechsten Lebensmonat sollten noch drei Mahlzeiten aus dem Napf erhalten. Hierbei sollten die Portionen aber so bemessen sein, dass man die in dem Alter eventuell zunehmenden Futtergaben beim Training mit einrechnet.
- Nach dem sechsten Monat, spätestens ab dem neunten Monat sollte man auf zweimal tägliche Fütterung umstellen. Auch hier bitte wieder bedenken, dass bei eventueller Futtergabe beim Üben und Trainieren dieses Futter mit zur Tagesration gerechnet werden muss, damit der Hund nicht zur bellenden Tonne mutiert.
- Früher propagierte Fastentage für Hunde sind heute umstritten und eher nicht zu empfehlen.
- Bei nur einmaliger Fütterung am Tag wird der Magen-Darm-Trakt relativ stark belastet. (Siehe auch: Soll Futter immer zur freien Verfügung stehen?, Seite 34)

Wie verbindlich sind Futtermengenangaben auf Hundefutterverpackungen?

Verbindlich sind sie nicht, es sind durchschnittliche Richtwerte. Nahrungsverwertung ist individuell, der eine braucht mehr, der andere weniger. Es hat nicht jeder Hund mit Gewicht XY das gleiche Temperament, die gleiche Bewegung, den gleichen Stoffwechsel. Energiezufuhr übers Futter und Energieverbrauch durch das Lebewesen müssen zusammenpassen, damit weder Über- noch Untergewicht entsteht. Bei zu dünnen Hunden zeichnet sich jede Rippe ab, die Haut zieht sich straff darüber und bildet regelrechte Innenbögen, die man bei kurzhaarigen Hundetypen deutlich sieht. Bei dicken und übergewichtigen Hunden sind die hinteren Rippenbögen nur schwer zu ertasten, es liegt eine dickere Schicht »Speck« darüber. Gesunde Hunde sind schlank, weder zu dünn noch zu dick!

Essmanieren sind sehr unterschiedlich.

Soll ich meinen Hund vor oder nach dem Spaziergang füttern?

Empfehlenswert ist es, den Hund circa eine halbe bis eine Stunde nach dem Spaziergang zu füttern. Mit vollem Magen zu laufen ist für den Hund ebenso unangenehm wie für den Menschen. Auch erleichtert ein kleines »Hüngerchen« unterwegs die Möglichkeit, hier und da eine Übung einzubauen, über welche sich der Hund ein Goodie verdienen kann. Nach der Fütterung sollte mindestens eine Stunde geruht werden. Die meisten Hunde verkrümeln sich von sich aus auf ihre Decke oder ins Hundebett. Welpen und junge Hunde hingegen quittieren die Energiezufuhr gern zuerst einmal mit »wilden fünf Minuten«, fallen in der Regel danach aber auch »wie umgehauen« ins Verdauungsschläfchen.

Vorher? Nachher? – Hauptsache es gibt was und es schmeckt!

Mein Hund schlingt sein Fressen in Sekundenschnelle weg. Das kann doch nicht gesund sein?

Viele Hunde schlingen ihr Fressen, das ist auch noch als normal zu betrachten, wenn auch nicht gerade gesund. Ein Grund kann unter anderem wölfisches Erbe sein, denn nur wer Fressen schnell herunterschlingt, läuft nicht Gefahr, dass es ihm weggenommen wird. Aber auch

- weil sie im Leben bereits Hunger erfahren haben (z.B. Tierschutzhunde),

- als Welpe bereits etwas zu kurz gekommen sind (z.B. Prügelknaben im Wurf),
- weil sie keine Ruhe beim Fressen haben (Hektik, Lärm und vermeintliche Nahrungskonkurrenten durch laufende Kinder oder Zweithunde neben ihnen),
- weil sie durch fehlerhafte Erziehungsschritte zum Schlingen getrieben wurden.
  (Siehe auch: Ist es sinnvoll, dem Hund zwischendurch immer wieder die Futterschüssel beim Fressen wegzunehmen?, Seite 141)

Was könnte man tun, um das Schlingen zu verhindern oder zumindest zu verringern?

- Die Industrie hält sogenannte »Anti-Schlingnäpfe« bereit. Bei manchen Hunden funktioniert das, andere werden dadurch noch hektischer.
- Das Futter auf mehr Mahlzeiten verteilen, sodass die einzelnen Portionen etwas kleiner werden, der Hund eine unterschwellige Sättigung verspürt.
- Trockenfutter fünf bis zehn Minuten einweichen.
- Nassfutter etwas flüssiger machen.
- Für Ruhe rund um den Futterplatz sorgen und ungestörtes Fressen ermöglichen.

Soll Futter immer zur freien Verfügung stehen?

Der Hund sollte die Erfahrung machen/machen können, dass sein existenzielles Bedürfnis nach Nahrung in seiner Lebenssituation und mit seinen Bezugspersonen gesichert ist und gestillt wird. Dafür bedarf es aber nicht einer stets zur freien Verfügung stehenden Futterschüssel. Sinnvoller ist es, den Hund an mehr oder weniger klare Fütterungszeiten zu gewöhnen, zum Beispiel Fütterung am Vormittag und zweite Fütterung am Nachmittag. Es ist hier nicht eine konkrete Uhrzeit gemeint und es kommt auch nicht auf fünf Minuten an. Niemand muss nach Hause eilen, damit der Vierbeiner sein Fressen pünktlich im Napf hat.

Das Futter wird zur Mahl-Zeit angeboten, wenn der Hund es aber nicht nach zehn Minuten gefressen hat, wird es weggenommen und diese Mahlzeit ist erledigt. Fällt Herrn oder Frau Wuschel dann nach einer Stunde ein, dass nun doch das kleine Hüngerchen gekommen ist: Pech gehabt! Die nächste Mahlzeit gibt es erst zum nächsten Zeitpunkt.

- Welpen bis ca. 12. Woche erhalten noch 5 Mahlzeiten am Tag
- Welpen von 12. bis 16. Woche erhalten 4 Mahlzeiten am Tag
- Junghunde bis zum vollendeten 6. Lebensmonat sollten noch 3 Mahlzeiten aus dem Napf erhalten. Hierbei sollten die Portionen aber so bemessen sein, dass man die in dem Alter eventuell zunehmenden Futtergaben beim Training mit einrechnet.
- Nach dem 6. Monat, spätestens ab 9. Monat sollte man auf 2-mal/Tag-Fütterung umstellen. Auch hier wieder bedenken, dass bei eventueller Futtergabe beim Üben und Trainieren dieses Futter mit zur Tagesration gerechnet werden muss, damit der Hund nicht zur bellenden Tonne mutiert.
- Früher propagierte Fastentage für Hunde sind heute umstritten und eher nicht zu empfehlen.
- Bei nur einmaliger Fütterung am Tag wird der Magen-Darm-Trakt relativ stark belastet.
- Ausschließliche Handfütterung, wie sie manchmal zur Anleitung eines Hundes empfohlen wird, ist äußerst bedenklich und schwächt das Mensch-Hund-Miteinander! Hier wird nicht Bindung gefördert (im Gegenteil), sondern Abhängigkeit demonstriert, wenn es Futter ausschließlich für Leistung jeglicher Art (Aufmerksamkeit, Mitarbeiten, Anweisung ausführen usw.) gibt.

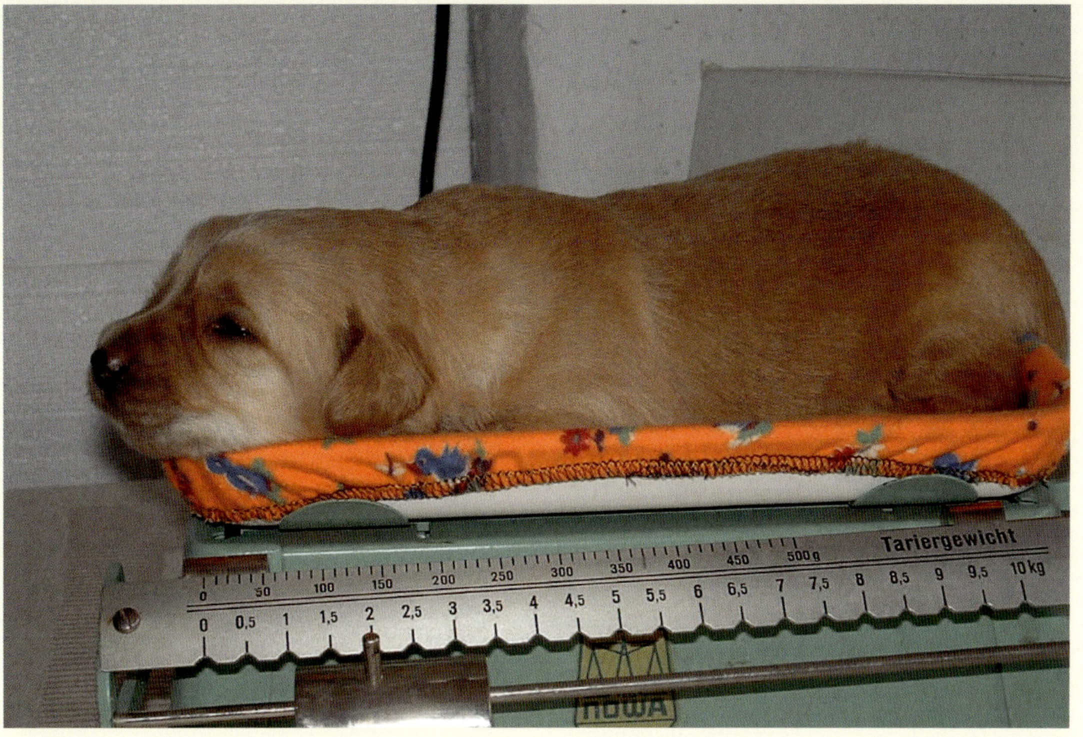

Welpen sollten gut ge- bzw. ernährt sein und nicht bereits hungernd ins Leben starten müssen.

Handfütterung als begleitende Maßnahme und zusätzlich zum regelmäßigen Nahrungsangebot im Napf ist etwas gänzlich anderes und kann sehr positiv wirken! Hierbei darf das Futter aus der Hand auch durchaus eine höhere Wertung haben und für den Hund erstrebenswerter sein. (Siehe auch: Wie viele Mahlzeiten pro Tag sollte ein Hund bekommen?, Seite 32)

Wie oft macht ein Hund das »große Geschäft«?

Im Durchschnitt setzt der Hund ein- bis zweimal am Tag Kot ab. Ein gesundes Häufchen ist geformt und von brauner Farbe ohne extremen Geruch. In der Regel ist der Kot von Trockenfutter fester als der von Nassfutter. Nach Knochenfütterung kann er sehr hart und weißlich werden.

Was mache ich, wenn mein Hund Durchfall hat?

Wenn der Hund ständig nach draußen drängt, der Kot häufig, aber in kleineren Mengen und in dünner Konsistenz abgesetzt wird, herrscht Durchfall-Alarm! Für Durchfall gibt es viele Ursachen:

- Würmer, Giardien, Bakterien oder Viren
- Futterunverträglichkeit
- Im Winter Schneegastritis durch Schneefressen
- Aufregung, Stress
- Erkrankung im Magen-Darm-Trakt
- sonstige Erkrankungen

Als Erstmaßnahme kann man den (erwachsenen und ansonsten gesunden) Hund 24 Stunden hungern lassen. Außerdem sollte er Ruhe und Wärme haben und sich erholen können. Durchfall strengt an.

Nach dem Fastentag beginnt man die Aufnahme der Nahrung durch Verfüttern von leicht verdaulicher Schonkost (zum Beispiel gekochtes Hühnchen und Möhren).

Vorsicht: Reis ist nicht grundsätzlich zu empfehlen, da er entwässert, der Hund durch den Durchfall aber eh schon vermehrt Flüssigkeit verliert.

Hält der Durchfall an, ist er blutig oder extrem übelriechend, suchen Sie unverzüglich einen Tierarzt auf. Nicht verkehrt ist das Einsammeln und Mitnehmen von etwas Kot, damit der Tierarzt diesen untersuchen kann.

Sofortige Rücksprache mit einem Tierarzt sollte auch bei einem Welpen oder gesundheitlich angeschlagenen Hund erfolgen.

Wie oft muss ein erwachsener Hund Wasser lassen?

Durchschnittlich muss ein Hund drei- bis fünfmal pro Tag zum Pipimachen nach draußen, das variiert individuell von Hund zu Hund. Welpen und ältere Hunde müssen durchaus häufiger raus, eventuell auch nachts.

Wie lange hält ein Hund ohne Wasser aus?

Wasser ist lebenswichtig! Auch wenn ein Hund problemlos gut drei Wochen ohne Nahrung durchhalten kann, ohne Wasser kommt es bereits nach knapp einer Woche zu schweren Folgeschäden; er dehydriert. Frisches Wasser, mindestens einmal am Tag erneuert, sollte immer für unseren vierbeinigen Mitbewohner erreichbar sein.

Dürfen Hunde Mineralwasser trinken?

Theoretisch dürfen sie es, allerdings scheuen die meisten Hunde das »Brizzeln« der Kohlensäure und meiden solch ein Trinkangebot. Und wird doch kohlensäurehaltiges Wasser getrun-

Bedürfnis oder Informationsaustausch? Vermutlich beides.

ken, so kann dies zu Blähungen und Magenproblemen führen. Gegen stilles Mineralwasser gibt es dagegen nichts einzuwenden.

Wann wird meine Hündin das erste Mal läufig?

Hündinnen kleinwüchsiger Rassen/Typen werden häufig deutlich früher das erste Mal läufig als Vertreterinnen großer, schwerer Hundetypen. Während die Kleinen oft bereits mit sechs Monaten die ersten Blutstropfen verlieren, lassen sich andere Hundemädels auch mal Zeit bis zum neunten, zwölften oder 15. Monat – oder sogar noch später. Bis zum vollendeten zweiten Lebensjahr sollte sich allerdings die erste Läufigkeit eingestellt haben!

Übrigens: Es gibt auch die sogenannte »stille« oder »weiße« Läufigkeit. Hierbei fehlen einige (bis alle) der typischen Anzeichen: die Hündin blutet zum Beispiel nicht sichtbar, die Vulva ist eventuell nicht geschwollen. Folge > Der Besitzer bekommt die Läufigkeit unter Umständen gar nicht mit. Aber auch in einer solchen Läufigkeit ist die Hündin deckwillig und empfängnisbereit!

Großwüchsige Hündinnen werden meist später läufig.

Ab wann muss man zum Tierarzt, weil die erste Läufigkeit noch nicht gekommen ist?

Nach vollendetem zweiten Lebensjahr sollte die erste Läufigkeit spätestens (!) erfolgt sein. Wer auf Nummer sicher gehen möchte, kann bei Unsicherheit ab dem 18. Lebensmonat eine gynäkologische Untersuchung veranlassen, doch rät auch dann eventuell der Tierarzt noch zum Abwarten bis zum 24. Monat. Vielleicht erfolgte aber auch eine sogenannte »stille Läufigkeit«, die der Besitzer nicht mitbekommen hat. (Siehe auch: Wann wird meine Hündin das erste Mal läufig?, Seite 37)

Kann ein Rüde unter einem Jahr schon erfolgreich decken?

Ja, er sollte es aber noch nicht, da er noch in der Entwicklung steckt und Verletzungs- oder sonstige Gesundheitsrisiken bestehen. Die kontrollierte Zucht unterscheidet deshalb Geschlechtsreife (früh) und Zuchtreife (deutlich später).

Kann eine Hündin bereits in ihrer ersten Läufigkeit erfolgreich gedeckt werden?

Ja, sie sollte es aber noch nicht, da sie noch mitten in der Entwicklung steckt und noch lange nicht erwachsen ist. Die kontrollierte Zucht unterscheidet deshalb Geschlechtsreife (früh) und Zuchtreife (deutlich später).

Mein Hund verliert so viele Haare. Ist er krank?

Zweimal im Jahr wechselt ein Hund sein Fell, dabei kann er schon recht üppig Haare verlieren. Rund sechs bis acht Wochen dauert es jeweils, bis er sich im Frühjahr von der wärmenden Pracht des Winters befreit oder im Herbst quasi ein luftiges T-Shirt gegen den dickeren Pullover tauscht, wenn man mal in solchen Bildern denkt. Allerdings beeinflussen Wohnungstemperaturen und Lichtverhältnisse den Fellwechsel mit, so geht es unter Umständen auch mal etwas durcheinander oder verzögert sich.

Alter und Konstitution, aber auch Rassetyp beeinflussen die Art des Haarens, auch hormonelle Vorgänge wirken sich aus, was besonders an kastrierten Hunden zu bemerken ist. Doch auch Krankheit und Stress lassen Haare vermehrt ausfallen.

Um den Haarwechsel zu unterstützen und abzukürzen, empfehlen Tierärzte und Hundefrisöre häufig die drei »großen Bs«. Gemeint hiermit sind B-Vitamine, Biotin und Bierhefe, was alles über das Futter gegeben wird. Ein vermehrtes Bürsten des Hundes und Staubsaugen der Wohnung in dieser Zeit bleibt dem Hundebesitzer dann aber auch nicht erspart.

Übrigens: Hundehaare wachsen zyklisch. Man unterscheidet drei Phasen: In der ersten Phase, dem Anagen, wachsen die Haare bis zur vollen Länge, gut gehalten und ernährt durch Haarwurzel und Follikel.

Alle Hunde verlieren Haare – mal mehr, mal weniger.

Die zweite Phase wird als Catagen bezeichnet: Das Haar bereitet sich nun darauf vor, bald auszufallen. Telogen bezeichnet dann die letzte Phase, in der das Haar nicht mehr versorgt und gehalten wird und ausfällt – in der Zeit des Fellwechsels dann auch in Massen.

Wachsen Wimpern und Tasthaare nach?

Ja, tun sie, und das unabhängig vom Fellwechsel. Das Nachwachsen von Wimpern dauert im Schnitt einen Monat.

Warum hecheln Hunde?

Hunde hecheln aus unterschiedlichen Gründen, im Wesentlichen aber zum Temperaturausgleich bei Hitze oder Anstrengung. Ihnen fehlt die Fähigkeit zu schwitzen, wie wir Menschen es tun, lediglich über die Ballen wird etwas Schweiß abgesondert, was aber nicht ausreichend ist. Dieses Hecheln ist völlig normal.

Anhaltendes, vor allem verstärktes oder der Situation nicht entsprechendes Hecheln, kann aber auch ein Zeichen für Stress, Anspannung, Angst, Schmerz oder eine Erkrankung sein.

Können Hunde Muskelkater bekommen?

Oh, ja, das können sie! Wie beim Menschen, so kann auch beim Vierbeiner die Muskulatur auf übermäßige und/oder ungewohnte Beanspruchung mit Übersäuerung reagieren. Die Folge sind Muskelschmerzen, im Volksmund Muskelkater genannt. Bei bewegungsuntrainierten Hunden, aber auch bei kaltem Wetter ist das schnell passiert. Der Hund bewegt sich nach der körperlichen Beanspruchung auffällig steif und unwillig, reagiert vielleicht sogar abwehrend auf Berührungen. Nach drei Tagen sollte aber alles

So gibt es zumindest für den Vierbeiner keinen Muskelkater!

wieder vergessen sein, ansonsten muss doch ein Tierarzt konsultiert werden.

Übrigens: Auch beim Hund gilt: Vor sportlichen Aktivitäten das Aufwärmtraining nicht vergessen!

Kann ein Hund Schweißpfoten haben?

Ja, das kann er definitiv! Hunde haben keine Schweißdrüsen wie wir Menschen. Sie schwitzen quasi nur an/über die Pfotenballen, nur dort sitzen einige Schweißdrüsen. Für einen Temperaturausgleich, den das Schwitzen beim Menschen bedeutet, sind sie aber zu wenige und ungeeignet. Vielmehr hinterlassen sie kleine Geruchsmarkierungen, mit denen sie Artgenossen die Anwesenheit eines weiteren Hundes kundtun. Dennoch können diese Schweißdrüsen für ordentlich »Geruch« verantwortlich sein und echte »Käsepfoten« verursachen! Manchmal ist auch ein Zusammenhang mit dem Läufigkeitszyklus bei einer Hündin oder mit Stressbelastung beziehungsweise Erkrankung generell festzustellen. Die Ausprägung ist individuell unterschiedlich – wie auch beim Menschen einige mehr und einige weniger bis gar nicht schwitzen.

Manche Hunde haben »Käsemauken«.

Was sind Wolfskrallen?

Als Wolfskrallen (oder auch Afterkrallen) werden die Zehen/Krallen an der Innenseite der Hinterläufe bezeichnet. Nicht jeder Hund hat Wolfskrallen, doch gibt es Rassen, bei denen sie gehäuft bis immer vorkommen, teilweise sogar doppelt.

Im Gegensatz dazu gibt es die sogenannte Daumenkralle. Dies ist die fünfte Kralle, die an den Vorderläufen sitzt und bei jedem Hund vorkommt!

Früher wurden die Wolfskrallen bei frischgeborenen Welpen häufig ohne Narkose durch Abknipsen entfernt, da sie überwiegend keine Funktion haben, aber ein gewisses Verletzungsrisiko bergen können. Sie wurden aber auch entfernt, weil etliche Rassestandards Wolfskrallen ausgeschlossen haben. Dieses pauschale Entfernen ist seit 1998 durch das Tierschutzgesetz § 6.1 verboten.

Schwinden bei alten Hunden auch die Sinnesleistungen?

Ja, wie beim älteren Menschen, so können sich auch beim Hund im Alter entsprechende Beeinträchtigungen einstellen. Das betrifft den Bewegungsapparat, innere Organe, aber auch alle Sinnesorgane. Das Sehen fällt schwerer, Linsen trüben sich, das Gehör wird beeinträchtigt, häufig vor allem in dem Bereich, der für die Zuordnung des Tons und damit verbunden für die Orientierung verantwortlich ist. Nachlassende bis aussetzende Sinnesleistungen können sich natürlich auch auf das Verhalten auswirken. Hunde können sich leichter erschrecken und reagieren dann womöglich abwehrend, was sie früher nie taten.

Ältere Hunde erfahren durchs Alter physiologische Einschränkungen, wie ältere Menschen auch.

Macht eine Hundekrankenversicherung Sinn?

Früher waren Hundekrankenversicherungen eher selten, es gab nur zwei, drei Anbieter, die Akzeptanz bei Hundebesitzern schien eher zögerlich, da nicht preiswert. Häufig hörte man den Rat, sinnvollerweise einen Monatsbetrag auf ein Hundesparbuch zu legen, um so einen finanziellen Rückhalt zu haben, wenn man diesen braucht. Und brauchte man ihn nicht, dann blieb das Geld im Besitz des Hundehalters und verschwand nicht im Topf einer Versicherungsfirma. So weit so gut und auch heute praktikabel. Aber: Die Preise und Gebühren bei Tierärzten und Tierkliniken sind immens gestiegen. Wenn es einmal blöd läuft, dann können sich durchaus schnell mehrere Tausend Euro ansammeln – und dann ist man vielleicht doch froh, wenn man eine Krankenversicherung für Luna, Hannes, Emmy und Paul abgeschlossen hat!

In der Regel sind die Beiträge für junge Hunde deutlich geringer als für Hunde, die bei Vertragsabschluss bereits älter sind. Alle Versicherungen steigern die Beiträge auch mit zunehmendem Alter des Hundes, doch gibt es deutliche Unterschiede.

Für die Beitragsbemessung ist es wichtig zu entscheiden, was alles an Leistungen mitversichert werden soll, ob man Zuzahlungen leisten

möchte und wenn ja, in welchem Umfang, welcher tierärztliche Gebührensatz erstattet werden soll und ob man eine umfassende Krankenversicherung möchte oder nur eine – deutlich preiswertere – OP-Versicherung (die dann aber auch nur greift, wenn chirurgische Maßnahmen unter Narkose erfolgten).
Heutzutage gibt es viele verschiedene Anbieter, auch viele Online-Angebote, die teilweise verlocken, aber manchmal auch recht undurchsichtig sind. Wer mit dem Gedanken des Abschlusses spielt, sollte sich ruhig einmal persönlich beraten lassen. Vielleicht kann auch der Haustierarzt einen Tipp geben, ein entsprechender Infoabend besucht oder beim Besuch der Hundeschule eine Empfehlung aufgefangen werden.

Was ist ein Passgang?

Gerade auf Ausstellungen hört man häufiger den Begriff Passgang. Beim Passgang setzt der Hund die Gliedmaßen seiner linken beziehungsweise rechten Körperhälfte gleichzeitig nach vorne oder hinten, also rechtes Vorderbein UND rechtes Hinterbein nach vorn, während das linke Vorder- und Hinterbein hinten sind. Bei Hunden auf Ausstellungen oder bei Prüfungen, wo bevorzugt im Trab gelaufen werden soll, sieht man den Passgang nicht gern.
Wenn es dem angeleinten Hund zu langsam für einen Trab geht, wählt er nicht selten den Passgang. Auch als energiesparende und entlastende Variante fällt der Vierbeiner gern in den Pass. Bei Kamelen und Elefanten ist ein Passgang völlig normal, bei Hunden wird er oft als »Bewegungsstörung« definiert. Pauschal zu behaupten, dass alle Passgänger einen krankheitsbedingt veränderten Bewegungsablauf hätten, ist aber falsch.

Wie lange kann ich mit einem erwachsenen Hund spazieren gehen?

Der gesunde erwachsene Hund kann seinen Menschen im Prinzip bei allen Wanderungen begleiten, egal, ob 1, 10 oder 30 und mehr

Collie im sogenannten Pass.

Müßiggang ist aller Ruhe Anfang.

Ganz junge, bereits in die Jahre gekommene, sehr kurzbeinige oder kurzhaarige und natürlich gesundheitlich angeschlagene Hunde frieren schneller und sind mit einem Mantel besser geschützt.

Kilometer. Beachten sollte man lediglich den jeweiligen Untergrund: heißer Asphalt oder ein geschotterter Weg sind natürlich deutlich unangenehmer als moosige Singletrails oder schattige Waldwege! Bei besonderen Beanspruchungen, wie sie zum Beispiel Schneewanderungen darstellen können, aber auch extremen Weglängen, kann man empfindliche Hunde durch spezielle Hilfsmittel (Schuhe, Pfotenbalsam) unterstützen. In der Regel reicht die gesunde und trainierte Hundepfote aber aus, um auch weite Strecken absolvieren zu können.

Wann bekommt mein Hund seine Ruhezeiten? Was muss ich dabei beachten?

Ein Hund benötigt ausreichend Ruhe! Das ist bei Hunden, die zum Beispiel mit an den Arbeitsplatz gehen, unbedingt zu berücksichtigen. Auch im Büro, in der sozialen Einrichtung oder bei einer Mitnahme im Außenbereich müssen Pausen und reizferne Phasen mit Möglichkeiten zum Ausruhen, Entspannen und kurzzeitigem Schlaf gewährleistet sein, vor allem bei jungen Hunden. Und nach einem solchen Arbeitstag sollte auch der Feierabend Ruhe bieten, denn Reize gab es zur Genüge, die alle verarbeitet werden müssen (siehe auch: Mein Hund soll immer bei mir sein!, Seite 100).

Gibt es etwas zu beachten, wenn ich mit einem Hundesenior unterwegs bin?

Aktivitäten müssen natürlich der physischen Konstitution des Seniors angepasst sein. Manche können nicht mehr so weit, so schnell, so lang, sind schneller erschöpft und körperlich überfordert. Eventuell machen sich Arthrosen bemerkbar und der Hund wird wetterempfindlich. Oft milde belächelt, macht ein Schutz vor Regen und Kälte für Hundesenioren durchaus Sinn; sie stecken beides nicht mehr so gut weg. Auch die mentale Überforderung kann eine Rolle spielen, die man mit bedenken sollte, wenn in die Jahre gekommene Hunde plötzlich keinen rechten Spaß mehr an Spaziergängen zu haben scheinen, verunsichert und verwirrt reagieren. Vielleicht lässt der Orientierungssinn nach und unbekannte Pfade lösen Unbehagen aus.

Es gibt ältere Hunde, die häufiger nach draußen müssen, um sich zu lösen, dann aber gern wieder im warmen und trockenen Bereich weiterschlafen. Alter und Altern sind individuell, doch sollte man ein Auge auf den Hundeopa oder die Hundeoma halten, damit es ihnen gut (er-)geht.

Werden Hunde vom Mond beeinflusst und haben Durchschlafprobleme?

Es gibt durchaus Hunde, die in Vollmondnächten unruhiger sind, nicht gut schlafen, eventuell auch ab und zu bellen. Die Erklärung liegt meist in den veränderten Lichtverhältnissen. Eine Vollmondnacht ist heller, der Hund sieht mehr.

So entdeckt er in der Vollmondnacht eventuell eher die durch den Garten schleichende Nachbarkatze, den Igel durchs Gras marschieren oder die Maus über die Straße huschen, wenn er aus Tür oder Fenster schaut. Ohne das Licht des Vollmonds wäre alles dunkel und grau. Allerdings beeinflusst der Mond das Verhalten vieler Tiere, gerade für Seevögel spielt er eine große Rolle. So ist es durchaus denkbar, dass er sich auch auf unsere Hunde auswirken kann, je nach Individualität mehr oder weniger und mit unterschiedlicher Ausprägung.

Was gehört zu regelmäßigen Pflegekontrollmaßnahmen beim Hund?

Selbst der noch so pflegeleichte Hund sollte regelmäßig einer »Inspektion« unterzogen werden. Dazu gehören die Kontrolle von Zähnen, Augen, Ohren, den Krallen und bei männlichen Welpen auch die Hoden.

Zähne: Es gibt Hunde, die deutlich anfälliger für Zahnsteinbildung sind als andere. Noch so sorgfältige Fütterung und die Möglichkeit, über diverse Kauartikel Vorsorge oder Abhilfe zu schaffen, laufen unter Umständen ins Leere. Deshalb ist es eine gute Maßnahme, bereits den jungen Hund an regelmäßiges Zähneputzen zu gewöhnen. Ob dies dann mit erhältlichen Zahnputzfingerlingen und Hundezahncreme geschieht oder mit einer relativ teuren Ultraschall-Hundezahnbürste liegt im Ermessen des Hundehalters.

Ohren: Gerade schlappohrigen Hunden sollte man öfter mal die Ohren umklappen und hineinschauen! Sie werden deutlich schlechter durchlüftet als Stehohren und neigen leichter zu Verschmutzungen, die dann bereits leicht im äußeren Gehörgang als braune Ablagerungen zu sehen sind. Kommt es zu verstärkter Verschmutzung, so entwickeln sich unter Umständen für den Hund sehr schmerzhafte Ohrentzündungen. Häufiges Kopfschütteln, Kratzen, Berührungsempfindlichkeit und -unwilligkeit an

Schlappohren brauchen mehr Pflege als Stehohren.

den Ohren, aber auch ein unangenehmer Geruch aus ihnen sind deutliche Warnsignale und sollten schnurstracks zum Tierarzt führen. Bitte keinesfalls mit Wattestäbchen eine Reinigung versuchen! Es gibt sehr wirksame, von Hunden allerdings eher ungeliebte Ohrenreiniger, die einfach nur ins Ohr geträufelt und einmassiert werden und das Ohr bis tief in den Gehörgang säubern. Der Tierarzt zeigt Ihnen die erste Anwendung gern.

Augen: Die Augen sollten immer klar sein und nicht tränen. Bei eigenständiger Entfernung von »Sandmännchenresten« immer vom Auge weg wischen.

Krallen: Berühren Krallen beim stehenden Hund den Boden, müssen sie gekürzt werden. Zum Krallenschneiden gibt es spezielle Krallenzangen, die das Verletzungsrisiko (zu tiefes Herunterschneiden) minimieren. Tierärzte und Hundefrisöre zeigen Hundebesitzern gern, wie das Krallenschneiden korrekt gemacht wird.

Haarkleid: Ein mehr oder weniger regelmäßiges Bürsten gehört zu den wiederkehrenden Pflegemaßnahmen des Hundes dazu (siehe auch: Mein Hund verliert so viele Haare. Seite 38). Hier soll besonders auf die wichtige Kontrolle der Behaarung hinter den Ohren bei jugendlichen Hunden hingewiesen werden. Gerade zur Zeit des Zahnwechsels verändert sich auch das »Babyfell«. In dieser Zeit bilden sich häufig Verfilzungen hinter den Ohren, die frühzeitig entdeckt noch ausgekämmt werden können. Haben sich aber bereits feste Knubbel gebildet, hilft nur noch die Schere!

Rüdenwelpen: Bei männlichen Welpen muss kontrolliert werden, ob die Hoden korrekt abgestiegen und beide außerhalb des Körpers zu fühlen sind. Bis zum Alter von spätestens vier Monaten sollte dies dauerhaft erfolgt sein. Davor kann es durchaus passieren, dass die Hoden sich gelegentlich noch mal wieder in den Leistenkanal zurückziehen und mal außerhalb, mal innerhalb des Körpers sind. Man spricht dann von Wander- oder Pendelhoden. Auch von vornherein nicht abgestiegene Hoden, die in der Bauchhöhle oder im Leistenspalt liegen, kommen vor (Kryptorchismus). Nicht korrekt abgestiegene Hoden müssen in den meisten Fällen operativ entfernt werden, da sie für die Temperatur im Körperinneren nicht ausgelegt sind und entarten können. Eine genetische Komponente liegt vor, alle Hunde können betroffen sein, kleinwüchsige Hundetypen häufiger.

Manche Hunde lieben das nasse Element: Sie plantschen und schwimmen sehr gern.

Wie oft muss ich einen Hund baden?

Die meisten Hunde müssen gar nicht gebadet werden. Bei ihnen reicht es völlig, sie bei extremer Verschmutzung – zum Beispiel durch Matsch – zu Hause kurz an den Füßen und unter dem Bauch zu säubern und gut abzutrocknen. Manche Hunde mögen aber gern in natürlichen Gewässern plantschen oder schwimmen.

Wie oft muss man einem Hund die Krallen schneiden?

Manchen Hunden nie, manchen Hunden öfter. Das ist individuell zu betrachten und auch abhängig vom Untergrund, auf welchem der Hund läuft. Wenn Sie auf Laminat oder Parkett ein Klackern hören, sobald der Hund darüberläuft, sollte die Krallenlänge zumindest kontrolliert werden, denn das könnte ein Indiz für zu lange Krallen sein. Berühren Krallen beim stehenden Hund den Boden, müssen sie gekürzt werden.

Zum Krallenschneiden gibt es spezielle Krallenzangen, die das Verletzungsrisiko (zu tiefes Herunterschneiden) minimieren. Tierärzte und Hundefrisöre zeigen Hundebesitzern gern, wie das Krallenschneiden korrekt gemacht wird!

Müssen alle Hunde zum Hundefrisör?

Nicht alle Hunde müssen zum Frisör, viele Hunde müssen nicht einmal ein einziges Mal in ihrem Hundeleben gebadet werden!
Bestimmte Rassen (zum Beispiel alle Pudel, Terrier, viele Kleinhunde) oder entsprechende Mixe (zum Beispiel die beliebten Doodles) müssen regelmäßig zum Frisör. Das Fell muss gekürzt, die Haare in den Ohren entfernt werden (ansonsten besteht die Gefahr wirklich schlimmer und hartnäckiger Ohrenprobleme). Und wo schon geschnitten und geföhnt wird, da wird auch vorher gewaschen. Auch schneiden Hundefrisöre Krallen und leisten alles rund um die Schönheitspflege des vierbeinigen Kunden. Einiges ist nötig, vieles ist sinnvoll, manches erfolgt eher aufgrund des Schönheitsideals des Hundebesitzers.

Eine wilde Lockenpracht muss vom Frisör gebändigt werden.

Mein Hund hatte einen Unfall, scheint aber unverletzt. Sollte ich trotzdem etwas beachten?

Vielen Dank an Dr. med. vet. Annette Thomée, Neuenrade, für die kompetente Beantwortung dieser Frage:
Generell gilt: Man sollte sich einem verunfallten Hund, ob es ein fremder oder der eigene ist, ruhig und vorsichtig nähern, ihn ansprechen. Ein unter Schock stehender Hund kann ängstlich und aus seiner Angst heraus auch aggressiv reagieren.
Zeigt der Hund auf den ersten Blick keine äußeren Verletzungen und läuft weiter, so ist es trotzdem angezeigt, ihn ruhig zu halten und während der nächsten 24 Stunden gut zu beobachten. Es könnten innere Verletzungen vorliegen! Es heißt in erster Linie die Schleimhäute zu kontrollieren, um innere Blutungen auszuschließen. Dies geht am besten, indem man das untere Augenlid herunterzieht oder die Lefzen anhebt. Beide Schleimhäute sollten blassrosa und auf keinen Fall weißlich oder bläulich (Rassespezifitäten ausgeschlossen!) sein.
Um eine Blasenruptur auszuschließen, die bei einem Autounfall nicht selten vorkommt und bei der Urin in die Bauchhöhle fließt, werden der Urin- und Kotabsatz des Hundes an den nächsten Tagen genau beobachtet. Beides sollte nicht blutig sein! Die nächsten zwei auf den Unfall folgenden Tage ist es angeraten, den Hund ruhig zu halten, nur angeleint mit ihm nach draußen zu gehen und ihn nicht toben zu lassen. Das ist manchmal nicht einfach, aber sinnvoll.

RUND UM DIE **WELPEN-** UND **JUGENDZEIT**

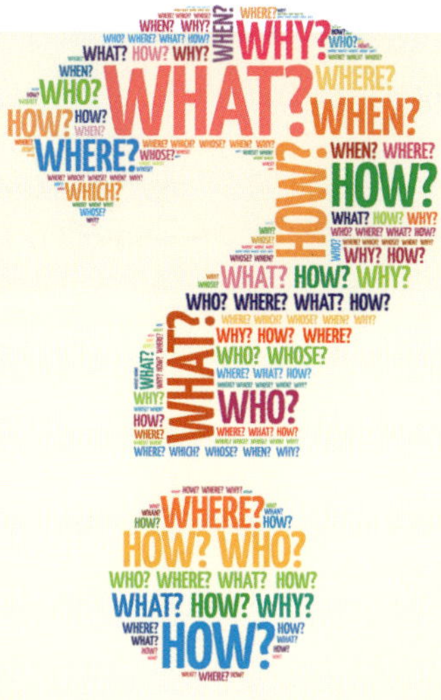

Sind Welpen wirklich die unbeschriebenen Blätter, als welche sie immer angesehen werden?

Nein, das sind sie ganz und gar nicht! Welpen tragen nicht nur in der körperlichen Ausprägung die Merkmale ihrer Eltern, sondern auch in der Gesundheit und im Verhalten. Viele Besonderheiten der Persönlichkeitsstruktur werden begründet, noch bevor der Welpe geboren wird. Nicht nur genetische, sondern auch epigenetische Faktoren wirken sich aus. Somit spielen sogar deutlich mehr Vorgängergenerationen eine Rolle als nur Vater und Mutter.

Das Umfeld der Entstehung, der Verlauf von Mutters Trächtigkeit und die Geburt, die Art und Weise der Brutpflege, die Anzahl und Geschlechterverteilung der Geschwister, alles nimmt Einfluss und hat Auswirkungen, die sich mehr oder weniger bemerkbar machen. Daher ist es durchaus sinnvoll, sich bei dem Wunsch nach einem Welpen gründlich mit dem Herkunftsmilieu seines Hundekindes auseinanderzusetzen, dieses sorgfältig auszuwählen und zu hinterfragen. Da, wo man zum Beispiel einen jungen Hund aus dem Tierschutz nimmt und diese Kriterien nicht abfragen und berücksichtigen kann, ist es dennoch hilfreich, sich über die bekannten Gegebenheiten der Herkunft zu informieren, um Verhaltensweisen besser einordnen zu können.

Übrigens: Tierversuche sind häufig unangenehm für die Tiere, bringen aber bemerkenswerte Ergebnisse ans Licht, so auch ein Versuch von Forschern rund um Brian Dias in Atlanta, USA: Männlichen Mäusen wurde der Geruch von Kirschblüten offeriert, gleichzeitig erhielten sie einen Stromschlag. Diese negative Erfahrung veränderte nicht nur ihr Verhalten, sondern auch ihre Hirnstruktur, indem sie mehr Riechzellen für diesen Duftstoff entwickelten und ihn in der Folge selbst bei geringerer Konzentration schneller wahrnehmen konnten. Außerdem erfolgte eine

Fürsorgliche Mütter sorgen für mental stärkere Nachkommen.

schnellere Informationsübertragung ans zentrale Nervensystem – eine Folge der Furcht vor diesem Geruch. Als nun diese Männchen mit Weibchen verpaart wurden, waren die Angstreaktionen auch bei den Nachkommen feststellbar, obwohl diese selber nie die Erfahrung real gemacht hatten. Die Furcht war vererbt worden! Und nicht nur in dieser ersten Generation wirkte das so, sondern auch in der zweiten. Selbst die Enkel der Versuchsmäuse, die selbst nie mit der Stromschlagerfahrung konfrontiert wurden, zeigten aufgrund der epigenetischen Prozesse Furcht und Unbehagen beim Riechen des Kirschblütendufts!

Wie gestalte ich die ersten Tage mit meinem Welpen?

Ganz einfach: RUHIG. In den ersten Tagen, je nach Persönlichkeitstyp des Kleinen rund drei bis fünf Tage, ist WENIGER bedeutend MEHR!
Ein Welpe hat beim Umzug in sein neues Zuhause alles verloren, was ihm bislang vertraut war. Die Geräusche sind neu, die Gerüche sind neu, der Tagesablauf ist ungewohnt, die Örtlichkeiten sind fremd, die Menschen sind noch wenig vertraut oder gänzlich unbekannt, die Mama ist weg, die Geschwister fehlen und so weiter. Gleichzeitig gibt es da die Besitzer, die überglücklich sind, ihren Familienzuwachs nun in die Arme schließen wollen und ihm alles zeigen und erleben lassen wollen und dies häufig auf eine Art und Weise, als gäbe es kein Morgen.
In den ersten Tagen hat ein Welpe ausreichend damit zu tun, sein neues Zuhause (Zimmer für Zimmer statt sofort alle Räume) und den Garten kennenzulernen und zu erforschen sowie sich mit seinen neuen Menschen der Kernfamilie vertraut zu machen. Bei größeren Anwesen macht es sogar Sinn, zuerst ein kleines Stück abzutrennen, das peu à peu erkundet und vergrößert werden kann. Oma, Opa, Tante, Onkel und die lieben Nachbarn sollten nicht gleich am ersten oder zweiten Tag nach dem Einzug zum ersten Kennenlernbesuch antreten, sondern sich etwas gedulden und einzeln oder paarweise zum sich Vorstellen vorbeischauen. Ein Welpe ist relativ leicht überfordert; er muss sich ja mit allen Reizen auseinandersetzen und diese auch verarbeiten können. Deshalb kommt es manchmal in den ersten drei, vier Tagen auch zu Futtermäkeligkeit und/oder Durchfällen, die von Aufregung, Anspannung, Stress herrühren. Dem Welpen in den ersten Tagen viel Ruhe zu gönnen und auf Forderungen zu verzichten bedeutet aber nicht, ihm Dinge durchgehen zu lassen, die nicht erwünscht sind. So wird natürlich sofort von Anfang an die Toilette draußen definiert, zu festes Zubeißen mit »Au« und Beendigung des Sozialkontakts quittiert, das Beknabbern der Fußleisten umgelenkt und so weiter. Grenzen und Regeln gelten vom ersten Tag! (Siehe auch: Wie lange darf ein Welpe spazieren gehen?, Seite 87).

Wie viel sollte mit dem Welpen täglich geübt werden?

Es sollte im Umgang mit einem Welpen gar nicht so viel unterschieden und unterteilt werden in Übung, Anleitung, »Training« und Zusammenleben. Gerade im Alltag mit dem Kleinen lassen sich die meisten Dinge spielerisch und stets positiv interaktiv einbinden. Sitzt der Knirps und schaut Ihnen zu? Prima! Dann hocken Sie sich zu ihm, zeigen ihm den hochgerichteten Zeigefinder, sagen Sie ihm »Sitz« und schieben ihm, der noch immer sitzt (!), einen Futterbrocken ins Mäulchen. Liegt der Kleine auf seiner Decke und kaut an einem Spielzeug oder Kauartikel? Super! Dann gehen Sie zu ihm, sagen ihm »Platz« und legen ihm mit der flachen Hand einen Futterbrocken zwischen die Vorderpfötchen auf die

Welpen sind keine »unbeschriebenen Blätter« und brauchen viel Ruhe statt Dauerbespaßung.

Decke. Läuft er gerade auf Sie zu? Hurra! Locken Sie ihn näher heran und geben Sie ihm, kurz bevor er bei Ihnen ist, das Rückrufsignal, das Sie später nutzen möchten (»Hier«, »Zu mir«) und strahlen Sie viel Freude über sein eigenständiges Herankommen aus. Bringt er Ihnen ein Spielzeug? Perfekt! Greifen Sie es, bieten ihm mit der anderen Hand eine Leckerei. Lässt er los: »Aus« oder »Danke« und Futter ins Maul. Danach darf er das Spielzeug auch wiederbekommen. So lernt er rasch, wie lohnenswert das Abgeben ist. Sie »üben« so quasi nichts im eigentlichen Sinne, benennen ihm aber Dinge, Positionen, Verhaltensweisen, die er gerade ausführt. So kann er die zugehörigen Begriffe lernen. Weiter können Sie ihn mit einem Futterbrocken natürlich in die Positionen führen und diese eben dann benennen oder ihn zu gewünschten Verhaltensweisen animieren. Spielerisch, als Spaß machende Interaktion aufgebaut, über den Tag verteilt immer wieder, in Küche, Esszimmer, Wohnzimmer, Terrasse oder Garten – die beschriebenen Abläufe dienen nur als Beispiele, alles andere verläuft analog. Seien Sie kreativ!

Was bedeutet Welpenschutz?

Hartnäckig hält sich das Ammenmärchen, dass Welpen grundsätzlich nichts passiert im Umgang mit anderen Hunden, da sie ja unter einem allzeit wirkenden, alles umfassenden Welpenschutz stehen würden. Diese Annahme ist falsch! Schon viele Welpen wurden angegangen oder sogar gebissen, weil die Besitzer zu blauäugig Kontakte zugelassen oder sogar erzwungen haben, die dann sehr unerfreulich verliefen.

Welpenschutz gibt es nur in der eigenen Familie!

Welpenschutz existiert nur in der eigenen Familie, also zum Beispiel in der Züchterfamilie, in der vielleicht außer der Mutter noch Tante, Oma, Papa oder Onkel leben. Hier begegnen die erwachsenen Tiere den Kleinen mit extrem viel Toleranz und lassen ihnen eine gewisse Narrenfreiheit. Doch selbst in der Familie endet diese Toleranz in der Regel im Verlauf des dritten Lebensmonats. Der Ernst des Lebens beginnt, Regeln werden aufgestellt und Grenzen gesetzt. Und genau das braucht ein Hundekind in diesem Alter auch.

Was bedeutet Beißhemmung?

Beißhemmung ist nicht angeboren, sondern eine Eigenschaft, die erlernt werden muss, wofür die Zeitspanne von 4. bis circa 16. Lebenswoche ausgerichtet ist. Im Umgang mit dem Gegenüber lernt der Hund seine Aktionen mit dem Maul und den Zähnen zu dosieren. Erste Lerneinheiten erfahren die Welpen untereinander. Beißt der eine dem anderen zu fest ins Ohr, in die Nase oder sonst wo hin, beendet dieser mit einem Quieken die soziale Interaktion sofort. So war es aber nicht gewollt und der »Piranha« lernt sich zurückzunehmen und einen Gang herunterzuschalten, damit man miteinander in Kontakt bleibt. Der Mensch sollte im Umgang mit dem Welpen analog verfahren: kurzes, schrilles »Aua«, sofortiger Abbruch des Sozialkontakts, Abwenden vom Welpen. Nimmt der Kleine sich aber zurück und unterlässt das Beißen, sollte das Miteinander sofort weitergehen, damit er anhand der Unterschiede auch lernen kann, was ihn ans Ziel bringt. Bitte nicht eine halbe Stunde nachtragend sein, das versteht ein Hund nicht. Ganz im Gegenteil!

Übrigens: Versöhnungsverhalten ist wichtig, um das soziale Miteinander zu stärken.

Warum hat fast jeder Welpe täglich seine »dollen fünf Minuten«?

Einmal am Tag, fast immer zur gleichen Zeit, rast der Welpe wie ein Tsunami durch die Wohnung oder den Garten, geht über Bänke, Sofas und Tische, bellt, knurrt, beißt in Sachen, klaut, was ihm in den Weg kommt, und ist völlig außer Rand und Band. Und dann, von einem auf den anderen Augenblick, fällt er um und ist sofort eingeschlafen. Keine Angst, er ist nicht verrückt! Diese »Anfälle« sind völlig normal. Betrachtet man sich den kleinen Ungestüm, so sieht man eine Fülle echter Spielsignale in seiner Körperhaltung und in seinem Agieren. Diese »dollen fünf Minuten« treten häufig nach dem Füttern auf und sind Ausdruck purer Lebensfreude.
Wer seinen Hund diese Minuten nicht zum Beispiel im Garten ausleben lassen möchte, der kann die Energie auch umlenken und einen Kauartikel anbieten.

Warum läuft ein Welpe gern allen Menschen und Tieren hinterher?

Welpen haben noch keine individuelle Personenbindung, diese beginnt sich erst nach circa der 16. Lebenswoche zu entwickeln. Ab dieser Zeit erlebt man dann auch häufiger, dass Junghunde anfangen zu fremdeln, wenn sie mit unbekannten Personen, aber auch nicht vertrauten Tieren oder Objekten konfrontiert werden. Bis dahin zeigen sie eine »taktische Freundlichkeit«, reagieren begeistert auf alles und jeden, der ihnen freundlich und positiv zugewandt entgegenkommt oder auch nur einfach interessant erscheint. Ein Welpe lässt sich relativ leicht »klauen«, also Augen auf und aufgepasstt, er findet alles spannend. Ein Welpe gehört deshalb in der Öffentlichkeit an die Leine und aus diesem Grund lässt sich mit einem Welpen zwar sehr gut die Folgebereitschaft, nicht aber ein »Bei Fuß« üben. Für Letzteres braucht es nämlich diese individuelle Personenbindung.

Warum sollten Kinder einen Welpen nicht auf den Arm nehmen dürfen?

Welpen sind unvermittelt sehr wehrhaft und zappelig, sie können sich winden wie ein Aal. Die Verletzungsgefahr, wenn ein Welpe vom Arm herunterfällt, ist einfach zu groß. Viel sinnvoller und nicht minder beglückend ist es, wenn das Kind auf dem Boden sitzt und der

Welpen finden alles und jeden spannend.

Lieber zum Welpen auf den Boden setzen statt auf den Arm zu nehmen.

Welpe dann von allein auf den Schoß oder über die Beine klettert und man so gemeinsam Spaß hat.

Wann darf man das vom Züchter gegebene Futter wechseln?

Viele Welpenkäufer erhalten von ihrem Züchter noch eine mehr oder weniger große Menge des bislang gewohnten Futters. Doch was, wenn die aufgebraucht ist? Muss man bei ein und demselben Futter bleiben? Bei der gleichen Marke und der gleichen Sorte? Nein, muss man nicht. Man sollte nur jegliche Futterumstellung etwas vorsichtig angehen, wenn man einen Hund mit empfindlichem Magen hat beziehungsweise, wenn der Hund auf die Umstellung empfindlich reagiert. Hat der Züchter sich die sinnvolle Mühe gemacht und seine Welpen bereits abwechslungsreich gefüttert, dann sind die Hunde in der Regel robuster in Bezug auf Verdauungsvorgänge, da Magen und Darm bereits verschiedene Nahrungsstoffe kennengelernt haben. Wichtig ist lediglich, beim angebotenen Futter auf die verfügbaren Inhaltsstoffe zu achten, da Welpen, Junghunde, erwachsene Hunde und Senioren unterschiedliche Bedarfe haben.

Wann wird er/sie endlich stubenrein?

Ein zentrales Thema beim Welpen ist sicherlich die Stubenreinheit. Während der eine Knirps bereits nach den ersten drei Tagen im neuen Zuhause »sauber« ist, sein Bächlein und erst recht den Haufen draußen ablegt und die Teppiche schont, treibt der andere Zwerg seine Menschen an den Rand des Wahnsinns, weil er es auch im Alter von über drei Monaten noch nicht verstanden hat. Gute Nachricht: Beides ist im Rahmen des Normalen; eine längere Dauer hat in vielen Fällen nichts mit fehlendem oder falschem Training und schon gar nichts mit Krankheit zu tun. Welpen haben noch keine sichere Kontrolle über ihre Ausscheidungsorgane und deren Endprodukte. Im Volksmund würde man sagen: Watt mutt, datt mutt. Oder: Wat löbbt, dat löbbt. Erst wenn ein junger Hund, der deutlich älter ist als fünf oder sechs Monate, sich nachhaltig unsauber zeigt, scheint ein Problem vorzuliegen, welches mit einem Tierarzt und/oder Trainer angegangen werden muss. Auch wenn der junge Hund nur tröpfchenweise, dafür aber in sehr kurzen Zeitintervallen Wasser abzusetzen versucht, sollte der Weg zum Tierarzt nicht hinausgezögert werden. (Verdacht auf Blasenentzündung! Nicht selten bei jungen Hunden, Hündinnen sind häufiger betroffen.)
Einige grundsätzliche Tipps können aber gegeben werden:
Nach dem Schlafen, nach dem Fressen, immer wenn der wache Hund beim Spielen plötzlich kreiselt oder rückwärts geht oder steifbeinig breiter stehen bleibt > raus! Und einen Welpen immer unter Beobachtung halten – es sei denn, er schläft.

Übrigens: Welpen bis zum Alter von circa zwölf Wochen müssen durchaus alle zwei Stunden einmal raus und werden auch nachts noch ein- bis zweimal wach und von dringenden Bedürfnissen geplagt. Oft hört man die Empfehlung zu einer Box für die Nacht. Hier müssen aber die Vorschriften der Tierschutz-Hundeverordnung berücksichtigt werden, nach der die Unterbringung eines Hundes in einer geschlossenen Box verboten ist.

Wie zeigt mein Hund, dass er mal muss?

Auch wenn viele Hundebesitzer sich wünschen, dass der Hund klar und eindeutig winselnd und jaulend zur Tür läuft, am besten noch dagegen klopft und unmissverständlich anzeigt, dass er

wichtige Geschäfte zu erledigen hat, sieht die Realität meist anders aus. So ist es nicht verwunderlich, dass gerade beim Welpen und am Anfang einer Mensch-Hund-Beziehung doch so manches Malheur passiert. Genaues Beobachten ist wichtig: Die meisten Hunde werden hektisch, beginnen einen Platz zu suchen, schnüffeln am Boden und drehen sich um sich selbst, sind unruhig oder werden hektisch. Dann heißt es: Zugriff und raus!
Welpen können noch nicht lang einhalten, sie haben die Schließmechanismen ihrer Ausscheidungsorgane, also Urin- und Kotabsatz, noch nicht unter Kontrolle. In der Regel müssen sie rund alle zwei bis drei Stunden ins Freie, um zumindest ein Bächlein abzusetzen. Nach jedem Fressen gibt es dann auch ein großes Geschäft. Auch nach dem Aufwachen und während des Spiels drückt die Blase.

Ich möchte nicht, dass sich mein Hund in unserem Garten löst. Muss ich das schon beim Welpen verhindern?

Ein Garten, am besten direkt von der Wohnung aus ohne große Umwege zu erreichen, ist ein großes Plus in der Welpenzeit. Schnell erreicht man dann das rettende Draußen, wenn der Hund sich zu lösen anschickt oder man ihm dazu die Gelegenheit geben möchte. Die Angst, dass dadurch der Garten auf Dauer ramponiert würde, ist verständlich und nicht gänzlich unbegründet, dennoch aber gut zu regeln.
Die meisten Hunde, die als Welpen in den heimischen Garten gemacht haben, tun dies ab einem bestimmten Alter nicht mehr, sondern nur noch in Ausnahmefällen (zum Beispiel bei Durchfall), sehr selten oder nur, wenn niemand mit ihnen das Grundstück verlässt und sie somit keine andere Wahl haben.
Welpen und Junghunde mögen oder können sich oftmals auch (noch) gar nicht außerhalb des vertrauten Areals lösen, denn damit verkünden sie ja der Welt: »Hallo, mich gibt es auch!« Für diese Auseinandersetzung mit der Welt sind sie aber noch gar nicht reif und ziehen den »sicheren Hafen« Garten vor. Mit zunehmender Entwicklung von Selbstbewusstsein und Mensch-Hund-Beziehung ändert sich das aber. Und wer ganz auf Nummer sicher gehen möchte, der steckt einfach einen kleinen Bereich des Gartens ab, wo der Welpe sich bedenkenlos lösen darf und dies auch in späteren Zeiten noch könnte.

Sollte ein Welpe nachts in eine Box gesperrt werden?

Diese Maßnahme wird gern empfohlen, um die Stubenreinheit besser trainieren zu können. Sein eigenes Bett beschmutzt der Kleine nicht gern und wird deshalb nach dem Aufwachen versuchen, aus der Box herauszukommen, was Krach verursacht und den Besitzer weckt.
Jedoch gibt es ein großes Aber: Das Tierschutzgesetz gestattet die Unterbringung eines Hundes in einer geschlossenen Hundebox laut TierSchHuV § 6 Absatz 2 Satz 1 nur unter bestimmten Voraussetzungen, was zu beachten ist. Eine Box müsste mindestens den Vorgaben eines Zwingers entsprechen.

Der Einsatz einer Box wird durch die Tierschutzhundeverordnung geregelt.

Welpen haben einen riesigen Spaß daran, sich in Kleidung zu verbeißen. Ignorieren kann man das nicht, aber wie stoppen? Auf jeden Fall so, dass der Knirps es nicht als Teil des »Spiels« empfindet.

Alternativ kann eine Art größerer Laufstall (z.B. mittels Welpengitter) errichtet werden, wenn der Raum die Möglichkeit bietet, die hierfür gesetzlich geforderte Mindestgröße von sechs Quadratmetern einzuhalten (siehe auch: Ist eine Hundebox sinnvoll?, Seite 138).

Was mache ich, wenn mein Welpe überall hineinbeißt? Am liebsten in meine Kleidung!

Welpen lieben es, in Hosenbeine, Jackenärmel oder sonst was zu beißen und daran zu ziehen und zu zerren. Ein tolles Spiel, zumal vom Kleidungsträger ja in der Regel auch sofort darauf eingegangen wird. Zwar sagt dieser: »Lass das sein! Pfui, aus!«, doch versteht der Welpe etwas ganz anderes und fühlt sich nur angespornt.

Nichtbeachtung als Reaktion auf unerwünschtes Verhalten ist einer der ersten Ansätze im Umgang mit Welpen. Allerdings muss dies auch der Situation angemessen und zu ihr passend sein (siehe auch: Ignorieren von Verhalten – ist das der richtige Weg?, Seite 139).

Bei den diversen Beißattacken, die junge Hunde nun einmal so an den Tag legen, hilft häufig das schrille »Au!«, um einen Verhaltensabbruch zu erwirken. In Folge muss der Sozialkontakt dann auch sofort (und sofort heißt SOFORT) abgebrochen werden. Natürlich darf auch bereits dem jungen Hund ein Abbruchsignal vermittelt werden. Ein strenges »Lass es!« mit sofortigem Kontaktabbruch ist bereits beim Welpen möglich und sinnvoll und auch bei Hunden untereinander in ihrer Sprache gängig. Der Hund lernt ja am Erfolg und am Misserfolg. Möchte er Kontakt und erlebt, dass er ihn mit seinem Verhalten

nicht bekommt beziehungsweise dieser entzogen wird, so ist sein Verhalten nicht zielführend und lohnenswert (siehe auch: Unterbrechen von Verhalten – wie geht das?, Seite 126).
Es ist aber auch sehr empfehlenswert, in der ersten Zeit mit einem Welpen auf weit wallende, zum »Fangen« motivierende Kleidung sowie auf feine Kaschmir- und teure Seidenoutfits zu verzichten.

Übrigens: »Begrenzendes Verhalten ist Usus unter Wölfen und Haushunden und anderen Säugetieren, die in sozialen Gruppen leben. (...) Es hat nichts mit Brutalität oder Kontrollverlust des Menschen zu tun, wenn dieser den an seinem Arm oder an der Hose beißschüttelnden Welpen zur Seite schiebt, Nein sagt und geht.« (Feddersen-Petersen, 2008)

Mein Welpe kaut gern auf unseren Schuhen herum. Tausche ich und gebe ihm »seinen Schuh« zum Spielen?

Nein! Wie soll der Welpe mein und dein unterscheiden? Wird ihm »Schuh« definiert als »Kauartikel«, dann ist eben jeder Schuh ein möglicher Kauartikel. Er unterscheidet nicht zwischen dem neuen Meindl und dem abgelaufenen Birkenstock. Wer einen Welpen im Hause hat, der tut gut daran, wichtige, teure, wertvolle Dinge unerreichbar zu verstauen. Viele Probleme entstehen so erst gar nicht.

Unser Welpe klaut den Kindern das Spielzeug und kaut alles kaputt. Was können wir tun?

Mit einem Welpen im Haus lernen Kinder leichter aufzuräumen: Nur was unerreichbar ist, ist auch sicher! Kinderspielzeug ist nicht ungefährlich für Welpen. Manche Plastikteile enthalten Weichmacher oder zerbrechen zwischen Welpenzähnen zu spitzen Teilchen. Werden diese verschluckt, können Speiseröhre, Magen- oder Darmwände Schaden nehmen. Auch Darmverstopfungen bis -verschlüsse können die Folge sein. Deshalb Kinderspielzeug gut verstauen, nichts auf dem Boden herumliegen lassen und die Tür zum Kinderzimmer besser für die erste Zeit mit dem Hund geschlossen halten.

Wie gewöhne ich meinen Welpen an den Staubsauger?

Nicht selten versetzt ein Staubsauger einen Hund in Panik oder löst Angriffsverhalten in ihm aus. Deshalb bauen umsichtige Züchter das Staubsaugergeräusch – ebenso wie andere Geräusche des täglichen Lebens – in ihren Welpenalltag mit ein. Für das Hochleistungsgehör eines Hundes ist nicht nur die Lautstärke unangenehm, es gibt auch bei vielen Maschinen für uns Menschen nicht wahrnehmbare Zusatzgeräusche, die der Hund wahrnimmt. Im frühen Welpenalter lassen sich diverse positive Dinge mit dem Staubsaugergeräusch im Hintergrund verbinden, von Spiel oder Knuddeln über Leckerchen geben ist alles möglich, was Mensch und Hund Spaß macht. So hat das Hundekind Gelegenheit, sich an das Geräusch zu gewöhnen und als unbedenklich zu erleben. Langsam und in kleinen Schritten verringert man die Entfernung zum Lärmverursacher. Jegliche Übungseinheiten bitte kurz halten (anfangs reicht schon eine Minute) und an die mentalen Gegebenheiten des Welpen angepasst (anfangs brummt der Sauger vielleicht erst im Nebenzimmer). Kann der Welpe das Geräusch gut aushalten und verhält sich dabei unbeeindruckt, wird der Sauger dann langsam auch in Bewegung gesetzt. Geduld, Geduld! Den Zeitpunkt zum nächsten Schritt bestimmt immer der Hund.

Ist die Furcht des Hundes vor dem »Ungetüm« Staubsauger sehr groß, beginnt man sein Training mit ausgeschaltetem Gerät. Steht der Sauger mitten in der Wohnung, kann der Hund sich an dessen Anwesenheit gewöhnen. Vielleicht lässt sich darauf ja sogar ab und zu ein Leckerchen oder ein Spielzeug finden? Erst wenn das stumme Gerät nicht (mehr) irritiert, wird mit der Geräuschgewöhnung wie oben beschrieben begonnen. Dazu steht der Sauger dann im ersten Schritt wieder etwas entfernter, damit es nicht gleich so laut ist.

Lässt sich der Hund überhaupt nicht an das Haushaltsgerät gewöhnen – das kann zum Beispiel der Fall beim übernommenen Straßenhund aus dem Tierschutz sein, für den bislang ein Staubsauger sicherlich nicht zu seinem Erlebnisrepertoire gehörte –, sollte der Hund während des Saugens aus der Konfrontation herausgenommen werden. Er kann während des Saugens beispielsweise in einem anderen Zimmer oder im Garten bleiben.

Wie kann ich den Welpen zu Hause fördern – und muss ich das überhaupt?

Viele Trainerkollegen sehen sich zunehmend mit völlig überdrehten und hibbeligen Welpen und Junghunden konfrontiert. Impulskontrolle und Frustrationstoleranz sind da große Themen, aber auch das Gesamtmanagement in Bezug auf Ruhe. Gerade die jungen Tiere brauchen – wie unsere menschlichen Kinder – viel Ruhe und auch Schlaf. Niemand versucht sich mit seinem halbjährigen Kind an einem 20-Teile-Puzzle und das unter der Prämisse »Frühförderung«.

Ein Welpe hat alle Synapsen voll zu tun, wenn er sich mit den normalen Alltagsreizen seiner Umgebung auseinanderzusetzen hat. Wenn er durch die Wohnung geht, erlebt er womöglich

Junge Hunde können ALLES gebrauchen – um es einer gründlichen Materialprüfung zu unterziehen. Sie sind also quasi als gewissenhafte Helfer im Dienste der Wissenschaft, die Wissen schafft, unterwegs.

unterschiedliche Bodenbeschaffenheiten (Parkett, Fliesen und Teppich), im Garten draußen Gras, Steine, Holz, vielleicht Gitter. Im Haus klingelt ein Telefon, brodelt der Kaffeeautomat, läuft das Fernsehen oder Radio. Und manchmal brummt der Staubsauger durch die Räume oder wuselt ein Wischmopp über den Boden.

Dazu kommt das spielerische Erlernen der ersten Notwendigkeiten, zum Beispiel das Erlernen seines Namens, die Pipi-draußen-Vorgehensweise oder auch das Erlernen von bestimmtem Tun und dem Erzielen dazugehöriger Reaktionen.

Der Alltag bietet da schon eine ganze Menge!

Mein Welpe fordert mich die ganz Zeit: Wie schaffe ich mir Freiräume?

Mancher Mensch glaubt, er müsse in einem Dauerbespaßungswahn den Hund von früh bis spät mit irgendwelchen sportlichen oder sonstigen Beschäftigungen kreuz und quer über Stock und Stein rasen lassen oder ununterbrochen Unterhaltungsmaßnahmen entwickeln und mit dem Hund von früh bis spät interagieren. Dem ist aber nicht so. Daher darf der fordernd auftretende Hund gern auch einfach mal »ins Leere laufen«!

Gerade beim Welpen sollte man nicht nach Helikoptermanier um den jungen Hund herumwuseln und ständig neue Angebote aus dem Ärmel ziehen. Ganz im Gegenteil: Je mehr Ruhe man vermittelt und dem Welpen zukommen lässt und gerade, wenn man auch mal so richtig langweilig für den Kleinen ist, kommt es seiner Entwicklung zugute. Gleichzeitig ist es eine gute Übung für Frustrationstoleranz und Impulskontrolle, wenn nicht immer und sofort alles stehen und liegen gelassen wird, nur weil der Welpe mal gerade »Wau« macht und Lust zum sofortigen Toben hätte. Liebevolle und umsorgende Fürsorge mit Nähe, Geborgenheit, Körperkontakten, Versorgung, Spiel und Ruhe auf jeden Fall, aber bitte keine Ganztagsstelle als Animateur und Alleinunterhalter!

Wenn Sie Ihre Ruhe haben möchten, darf es durchaus auch mal ein freundliches »Jetzt nicht!« sein. Dafür gibt es zu einem späteren Zeitpunkt auch wieder »Action«.

Darf mein junger Hund in der Wohnung überall hin? Wenn nein, wie mache ich ihm das klar?

Welche Räume ein Welpe oder auch erwachsener Hund im normalen Alltag betreten darf und welche nicht, bestimmt der Besitzer. Hier darf er nicht ins Kinderzimmer, dort soll er nicht mit ins Schlafzimmer und in anderen Konstellationen des Zusammenlebens soll er vielleicht Küche, Essraum oder Badezimmer nicht betreten.
Solange der Hund das noch nicht verinnerlicht hat (und das ist beim Welpen definitiv der Fall), helfen in die Türrahmen montierte Kindergitter oder natürlich auch geschlossene Türen.
Grundsätzlich sollte dem Welpen noch nicht zu viel Raum geboten werden, denn damit ist auch mehr Reiz verbunden, was überfordern kann.
Allein das Betreten unmöglich zu machen vermittelt aber nicht das Wissen, dass hier auch ein Betretungsverbot besteht, wenn die Möglichkeit zum Reingehen bestünde. Daher muss im zweiten Schritt, der nicht vor dem ersten gemacht werden darf, mittels Training das Überqueren der Schwelle untersagt werden.
Hilfreich ist eine Hausleine, mit der man den Hund stoppen kann, wenn er vor einem in einen verbotenen Bereich marschieren möchte.
Ist der Hund hinter dem Menschen und folgt über eine Schwelle, die er nicht überqueren soll, so dreht der Mensch sich in dem Augenblick um, in dem die erste Pfote die Schwelle berührt. Dabei macht er sich groß und schiebt den Hund mit einem klaren »Raus« hinter die Schwelle. Ist der Hund hinter der Schwelle, wird die Körperspannung sofort zurückgenommen, der Hund freundlich mit Stimme, Spielzeug oder Futter hinter der Schwelle bestätigt. Meist sind wirklich nur wenige Wiederholungen nötig und der Hund hat die Bedeutung von »Raus«, »Zurück« oder »Hierher nicht« verstanden. Betretungsverbote können generell oder situativ ausgesprochen werden. Bei einem situativen Verbot muss aber dessen Aufhebung für den Hund klar sein, indem er zum Beispiel in den Raum gerufen oder geführt wird. Um das Betretungsverbot durchsetzen zu können, wenn Sie nicht im Haus sind und/oder nicht auf den Hund einwirken können, sollten Sie in diesen Fällen wieder auf das Türgitter oder -schließen zurückgreifen.

Übrigens: Es gibt auch auf Spaziergängen verbotene Bereiche, die mittels langer Leine definiert werden können. Waldweg ist okay, seitlich vom Weg in den Wald aber verboten. Der Hund wird im Lernprozess durch Fuß-auf-die-Leine-Stellen daran gehindert, vom Weg abzuweichen, wird aber auf dem Weg wieder ausgiebig mit sozialer Interaktion, Spiel oder Futter bestätigt.

Darf ein Welpe Treppen steigen?

Bis heute wird immer wieder von Züchtern davor gewarnt, dass Welpen auf keinen Fall Treppen steigen dürften! Korrekte und berechtigte Warnung? Nein! Hierzu gibt es sehr gute und wegweisende Erkenntnisse aus den Gangwerksstudien der Gruppe um Professor Doktor Martin Fischer aus Jena. Welpen dürfen nicht nur, sie sollten sogar zwischendurch auch immer einmal einige Treppenstufen laufen beziehungsweise zu laufen lernen, da dies völlig andere Bewegungsabläufe mobilisiert, diese Bewegungsabläufe trainiert und sie darin sicherer werden lässt. Der Mensch sollte seinen Welpen hierbei unterstützen und kontrollieren, zum Beispiel indem er den Kleinen an eine kurze Hausleine nimmt oder am Geschirr hält und sichert. Auch ist es sinnvoll, den jungen Hund verschiedene Treppenarten (steilere, flachere, offene Stufen, gewendelte Treppen, Gittertreppen, Treppen aus Holz und Stein usw.) kennenlernen zu lassen. Wenige Stufen statt vieler, aber auch wenige Stufen statt keiner.

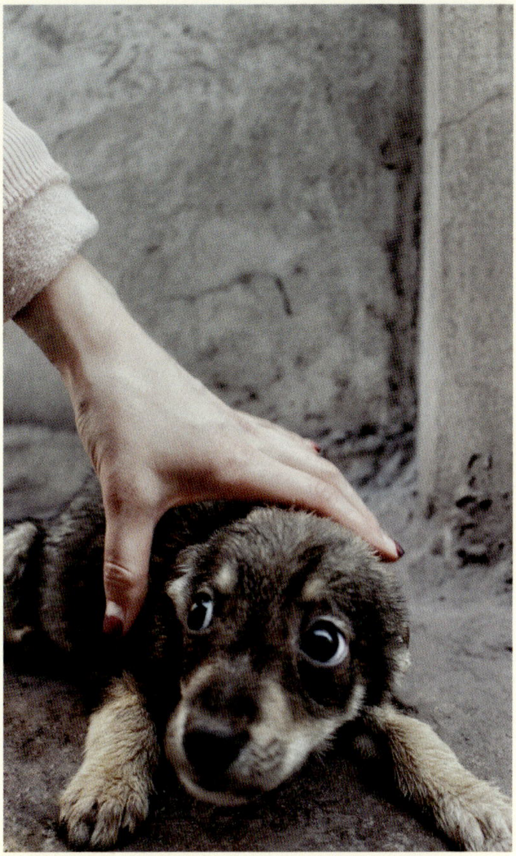

Das Überbeugen und von oben nach ihnen greifen ist Welpen in den meisten Fällen sehr unangenehm und kann sie zutiefst verunsichern.

Übrigens: Natürlich soll kein Welpe täglich zigmal in den zehnten Stock laufen und das als »Bewegungstraining« verstanden werden. Die Dosis macht bekanntlich das Gift.

Warum sollte man Welpen nicht am Kopf und Fang betatschen, knuddeln und liebkosen?

Viele Welpenbesitzer lieben es, den Kopf vom Hundeknirps in die Hände zu nehmen und zu bekrabbeln. Dabei streicheln sie auch gern am Fang entlang oder drücken sanft das Mäulchen. So lieb und zärtlich es auch gemeint sein mag, es kann eine sehr schlechte Angewohnheit darstellen, die der Welpe auch gar nicht mag. Immer mehr wird er der Hand auszuweichen versuchen oder sogar vor ihr zurückweichen. Wie bei »Warum sollte man Hunde nicht auf dem Kopf tätscheln?« (siehe Seite 93) bereits beschrieben, kann die Körperhaltung des Menschen in dieser Begegnung bereits unangenehm für den Welpen sein, zumal man sich zu ihm ja noch deutlicher und weiter hinabbeugt. Doch auch ein weiterer Aspekt ist immens wichtig: Ein Welpe ist in der Zahnung. Wie manche Kinder große Probleme mit der Zahnung haben, so gibt es auch Welpen, deren Kiefer wund und empfindlich sind und bei Berührungen einfach schmerzen. Dann wird die lieb gemeinte Zuwendung schnell zur negativen Erfahrung!

Ist eine Belohnung/Bestätigung des Welpen mit Futter nicht einfach nur Bestechung?

Niemand kommt auf die Idee zu behaupten, dass eine Mutterhündin ihre Welpen besticht, wenn sie das Gesäuge anbietet. Vielmehr machen die Welpen vom ersten Augenblick an die Erfahrung, dass die Mama sich um ihre existenziellen Bedürfnisse kümmert beziehungsweise diese stillt. Und es ist ganz sicherlich nicht so, dass die Welpen nach dem Gesäuge nur dann suchen, wenn sie hungrig sind. Jeder, der bereits das Glück hatte, einer Welpenschar beim Aufwachsen und Gedeihen zuschauen zu können, der konnte erleben, dass Mamas Milchbar auch gerne aufgesucht wird, wenn das Bäuchlein eigentlich voll und kein übermäßiger Hunger vorhanden ist. Es schmeckt ganz einfach und vermittelt Wohlbehagen. Außerdem erleben Welpen, dass sie im Umkreis ihrer Mutter, aber auch anderer »Aufsichtsberechtigter« aus der eigenen sozialen Gruppe (zum Beispiel in einem Mehrhundehaushalt), Schutz und Sicherheit genießen. Diese Erfahrung muss aber erst gemacht werden können und ergibt sich auf einem Zeitstrahl daher erst hinter der Erfahrung mit der Nahrung. Warum sollte man nun gerade im Umgang mit einem Welpen, aber auch mit einem neu in die Familie kommenden älteren Hund diese Erfahrungsmöglichkeiten dem Hund nicht analog bieten und die positiven Begleiterscheinungen der Futterbestätigung als Besitzer nicht nutzen? Das bedeutet ja nicht, dass man für alle Jahre, die eine Mensch-Hund-Beziehung andauert, in allen verfügbaren Jackentaschen Futter bis zum Überquellen mitführen muss! Aber für die Anfangszeit, um eine positive Erfahrungsbasis zu legen, um Handlungsweisen des Hundes sinnvoll und positiv zu bestätigen, eignet sich Futter durchaus, vor allem bei futtermotivierten Hunden. Natürlich können Sie auch mit echtem sozialem Spiel bestätigen, aber das fällt den meisten Menschen noch schwerer.

Irgendeine »Idee« hat so ein Welpe immer parat, er muss nur lang genug nachdenken.

Ich reche im Garten die Blätter zusammen, mein Welpe attackiert den Rechen. Was tun? Tausche ich und bekommt er »seinen Rechen« zum Spielen?

Für den Welpen ist das ein schönes Spiel: Der Rechen kommt auf ihn zu, er bellt ihn an und attackiert, der Rechen zieht sich zurück – gewonnen! Und dann von vorn ...

Der Mensch muss sich klarmachen, was er möchte: Will er in Ruhe und ungestört seinen Garten rechen? Dann sollte er den Welpen aus diesem Geschehen herausnehmen. In der Situation auf den Knirps einzugehen, ihn anzusprechen, womöglich mit einem »Aus!«, »Lass das!«, was er aber (noch) gar nicht kennt und somit auch nicht befolgt, vergrößert nur den Spaßfaktor für den Vierbeiner und lässt ihn erst recht aufdrehen.

Erhält er dann auch noch »seinen Rechen« oder einen anderen Gegenstand, mit dem er sich alternativ beschäftigen soll (was er aber sicherlich nicht tun wird), bestätigt man das Verhalten, welches man eigentlich nicht haben möchte, was wiederum dazu führen kann, dass es zukünftig noch häufiger, noch massiver an den Tag gelegt wird.

Soll ihm eine Alternative geboten werden, zum Beispiel über einen gefüllten Kong, einen Kauziemer oder Vergleichbares, mit der er eine Weile beschäftigt ist, dann sollte dies vor Aufnahme des Rechens erfolgen, damit die Arbeit begonnen wird, wenn der Hund bereits anderweitig beschäftigt ist.

Mein Welpe soll viel erleben und alles kennenlernen, deshalb nehme ich ihn überall hin mit. Ist das gut?

Einfach gesagt: Nein! Der Welpe ist noch nicht bereit für die Welt. Ihn überall hin mitzunehmen fördert ihn nicht, sondern überfordert ihn womöglich und stellt eine Reizüberflutung dar. Welpen brauchen viel Ruhe – und Reize, denen sie gewachsen sind, das heißt die sie verarbeiten können. Auch ist die bei ihnen (noch) wirkende Ortsbindung zu beachten. Man kommt wohl auch eher nicht auf die Idee, einen Säugling mit in die Oper oder ins Theater zu nehmen und dies für künstlerische und gesellschaftliche Frühförderung zu halten (siehe auch: Wie lange darf ein Welpe spazieren gehen?, Seite 67).

Mein Welpe bellt Dinge an, die er nicht kennt. Was mache ich?

Was der Welpe nicht kennt, verunsichert ihn. Ihn dann zu drängen oder zu zwingen, sich mit der Situation auseinanderzusetzen, um die Erfahrung zu machen, dass das alles gar nicht schlimm ist, funktioniert nicht. Eher verstärkt es Unwohlsein und Argwohn. Unsicherheit und Furcht verursachen kurzzeitigen Stress – und dann kann man nicht lernen. Stellen Sie sich vor, Sie selbst haben Gewitterangst und sollen nun bei einem heftigen Sommerunwetter mit Blitz und Donner ein Gedicht auswendig lernen. Vermutlich merken Sie sich nicht einmal eine kurze Telefonnummer.

Eine gute Maßnahme ist es immer, dem Welpen (oder auch unsicheren älteren Hund) Zeit und geschützten Raum zu geben. Durch eine längere Leine kann der Vierbeiner selbst bestimmen, ob und, wenn ja, wie der eigene Mut die Annäherung und eventuelle Kontaktaufnahme zulässt. Der Mensch als Vertrauensperson lebt vor, dass das »Gespenst« oder »Monster« gar nicht so bedrohlich ist, indem er sich dem Objekt oder Subjekt nähert, sich damit auseinandersetzt und beschäftigt oder sich auch einfach nur ruhig und entspannt in die unmittelbare Nähe setzt. Der Hund – klein oder größer, jung oder älter – könnte dann auf Leinenlänge stehen bleiben und beobachten und sich gegen ein Annähern entscheiden. Meist kommt er aber – zügiger oder langsamer – näher, beschreibt dabei vielleicht respektvoll und konfliktvermeidend einen Bogen, bleibt wieder stehen, streckt den Hals lang hervor und knurrt zwischendurch auch nochmals, um im Endeffekt und nach mehr oder weniger langer Zeitspanne doch herangekommen zu sein. Ist die anfängliche Berührungsskepsis dann überwunden, wird ausgiebig und intensiv von allen Seiten erkundet, was zuvor noch so verunsichert hat. Bitte lassen Sie Ihrem Hund die Zeit, die er braucht, und reagieren Sie mit Ruhe und Geduld auf seine Unsicherheit. Ob, wie und wann der Hund sich annähert, entscheidet er nach seiner mentalen Fähigkeit.

Ich rufe meinen Welpen im Garten – er kommt nicht. Wie richte ich seine Aufmerksamkeit auf mich?

In den ersten Tagen im neuen Zuhause erlebt man, dass der Welpe auch im Garten meist hinter seinen Menschen hertappelt, auf Ansprache relativ zügig reagiert und selber gar keine große Lust zu haben scheint, hier allein zu verweilen. Mit zunehmendem Alter und aufkommendem Entdeckergeist ändert sich das aber durchaus. Und ganz anders verhält es sich, wenn die Pubertät sich ankündigt, die für mächtig Durchzug in den Ohren sorgt.

Wie hilfreich, wenn man vorausschauend für diese Zeit Vorsorge getroffen hat! Man kann zum Beispiel von klein auf ein »Superzauberwort« einführen, welches immer einen ganz besonderen Leckerschmaus verspricht, den es anfangs nur beim Nennen des Namens gibt, sonst nicht. Oder man nutzt ein Leckerchen verheißendes Signal (zum Beispiel Knistertüte oder Quietschie), welches im Sinne einer Konditionierung (Signal > Futter, Signal > Futter, Signal > Futter bis Hund verknüpft hat: Signal = Futter) aufgebaut wird. Durch häufiges Wiederholen der Übung wird die Verknüpfung zwischen dem Signal und der Leckerlibelohnung erst hergestellt und später gefestigt. (Siehe auch: Was ist mit Konditionieren gemeint?, Seite 130).

Für den ersten Stadtbesuch sollte der Welpe bereits im vierten Lebensmonat sein und das Laufen an der Leine schon kennen.

Und kommt dann doch die Situation – und in den meisten Fällen WIRD sie kommen, spätestens in der Pubertät – dann verfällt man nicht in Hektik und Panik und ist nicht gezwungen, den Hund zwei-, drei-, hundertmal zu rufen oder sogar hinter ihm herzulaufen und einzufangen, sondern man rüstet ihn mit einer Schleppleine aus und beweist ihm, dass man auch aus der Entfernung Einfluss nehmen kann. Man nimmt das Leinenende in die Hand, spricht den Hund EINMAL freundlich und auffordernd an – und geht souverän und unmissverständlich hinein. Da der Hund am anderen Ende der Leine ist, wird er mitkommen, auch wenn er ursprünglich andere Pläne hatte. Drinnen angekommen, warten Begeisterung und Lob, soziale Zuwendung und gerne auch ein tolles Spiel oder Leckerchen auf ihn. Er soll ja schließlich die Erfahrung machen (können), dass es sich lohnt auf seinen Menschen zu achten und auf ihn zu reagieren.

Ab wann übe ich mit meinem Hundeknirps das An-der-Leine-Laufen?

Mit dem Welpen kann man wunderbar die Folgebereitschaft üben. Er kommt mit, begleitet seinen Menschen, erhält dafür sozio-positiven Kontakt (Stimme, Lächeln) und gern auch Futterbröckchen. Auch seiner Mutter folgt ein Welpe begeistert, weil sie ihm Futter ermöglicht – das lässt sich gut nachahmen. Bei diesen Folgeübungen, die sich im Haus wie auch im Garten praktizieren lassen, kann man gut eine leichte Leine ins Geschirr einklicken, die der Welpe hinter sich herzieht. So gewöhnt er sich leicht und schnell an das Gewicht, das er dadurch verspürt. Im weiteren Verlauf kann diese Leine in die Hand genommen werden. Ist der Hund mit Folgen, Kontakt zum Menschen genießen und eventuell etwas Leckerem bekommen beschäftigt und tappelt begeistert neben dem Menschen her, achtet er gar nicht auf die Leine. Und schon ist der Grundstein zum lockeren Laufen an der Leine gelegt. In den nächsten Tagen, Wochen und Monaten ist aber noch viel Aufbauarbeit zu leisten, um diese Begeisterung und die gute Leinenführigkeit aufrechterhalten zu können.

In welchem Alter sollte mein Hund mal mit in die Stadt genommen werden?

Mit Erlebnisausflügen, die eine größere Reizkonfrontation darstellen, sollte nicht vor Vollendung der 14. Lebenswoche begonnen werden, danach aber dosiert und der psychischen Stabilität des Welpen angepasst erfolgen. Seine biologische Entwicklung macht ihn nun reif für die weitere Erkundung der Welt.

Was mache ich, wenn sich mein Welpe nicht vom Haus wegbewegen lässt?

Freuen Sie sich, denn Sie haben einen klugen Welpen! Welpen gehen noch nicht spazieren, Welpen bleiben im vertrauten Kernrevier. Das ist eine biologisch angelegte Eigenschaft, die sich Ortsbindung nennt. Diese Ortsbindung sollte der Hundebesitzer respektieren, will er sich als vertrauenswürdiger Bindungspartner nicht ad absurdum führen. Hören Sie auf Ihren Welpen, er ist noch nicht bereit für die »große, weite Welt«. Bieten Sie ihm gemeinsame Abenteuer im Garten oder im näheren Umkreis des Hauses. Für weitere Erkundungsausflüge nehmen Sie ihn auf den Arm, bringen/fahren Sie ihn zum Beispiel zu einem Bach, zu einem Laubhaufen, an den Strand, zu einem Waldrand oder Ähnlichem, setzen Sie ihn dort ab und bleiben mit ihm gemeinsam vor Ort. Will er erkunden? Gut, das kann und darf er dann. Ist er beeindruckt und bleibt nur an Ihrem Hosenbein? Auch gut, dann ist er noch nicht so weit, braucht noch ein paar Tage und wird einfach von Ihnen wieder auf den Arm genommen und ins sichere Zuhause zurückgebracht.

Mit zunehmendem Alter kommt zunehmender Entdeckergeist.

Wie lange darf ein Welpe spazieren gehen?

Diese Frage muss man ein wenig aufdröseln, denn es gibt einiges zu beachten: Ein noch ganz junger Welpe, Altersspanne circa 13. bis 14. Woche, muss und will noch gar nicht wirklich spazieren gehen. Und genau das signalisieren sie auch mehr oder weniger deutlich. Sie setzen sich hin, sträuben sich weiterzugehen, ziehen zurück zum Haus, wenn man mit ihnen losgehen möchte. Manchmal hört man dann den (äußerst dummen) Rat von Nachbarn oder Pseudo-Hundekennern: »Zieh ihn weiter, da muss er durch!« Nein, muss und sollte er nicht!

Bei Welpen wirkt etwas, was sich »Ortsbindung« nennt. Diese Ortsbindung ist eine kluge Einrichtung der Natur: Sie sorgt bei Wildkaniden dafür, dass der Nachwuchs sich stets im geschützten Kernrevier aufhält, auch wenn die älteren Tiere der jeweiligen sozialen Gruppe zum Beispiel auf Jagdstreifzügen unterwegs sind. Den Welpen wird somit ein geschützter Raum geboten, in welchem sie sich aufhalten und verweilen können, was diese auch tun, selbst wenn kein Kindermädchen zugegen ist, welches sie immer wieder zurückscheuchen könnte.

Bei unseren Hundewelpen ist sehr schön zu beobachten, dass diese ihren Erkundungsradius, welchen sie selbstständig und freiwillig wählen, nur langsam und vorsichtig erweitern. Natürlich spielen hierbei auch der jeweilige Typ und die individuelle Persönlichkeit eine Rolle. Für die Welt draußen ist ein Welpe mental einfach noch nicht gerüstet; dort fühlt er sich

unsicher; dort lauern Gefahren, denen er noch nicht gewachsen ist; die Fülle und Ausprägung von Reizen überfordern ihn noch schnell. Mit zunehmendem Alter verändert sich das und man kann erleben (fast von einem auf den anderen Tag), dass der Kleine bereitwillig, freudig und neugierig immer weiter und bereitwilliger seinen Menschen in die Welt begleitet.
Um den zeitlichen Bereich des vollendeten vierten Lebensmonats sind zumeist selbst bei dem ausgeprägtesten Sensibelchen die letzten Bedenken ausgeräumt und der Weg in die Welt offen.
Auch wenn sich viele Hundehalter eine einfache, pauschal gültige »Bedienungsanleitung« hierzu wünschen: Diese gibt es leider nicht.

Übrigens: Im Internet kursiert eine sogenannte Fünf-Minuten-Regel. Diese Regel ist ganz sicherlich nicht pauschal anzuwenden. Ausschlaggebend sind das Temperament des jeweiligen Hundes, seine körperlichen (mentalen wie physiologischen) Gegebenheiten, aber eben auch Vorlieben und Neigungen. Wie bei allen Lebewesen gibt es eben aktivere und faulere. Natürlich ist eine Überlastung des jugendlichen Skelettsystems der Gesundheit nicht förderlich. Aber es dient auch nicht der Gesundheit, wenn der Bewegungsapparat untrainiert bleibt, zu wenig oder falsche Beanspruchung auf die Muskulatur und die Gelenke erfolgt und dadurch die gesunde Ausbildung der Knochen, Gelenke, Muskeln und Sehnen be- oder verhindert wird. Es ist die goldene Mitte, die es zu finden und zu beschreiten gilt, um dem jungen Hund eine gesunde Entwicklung bieten zu können.

Gleiches gilt für die Konfrontation mit Reizen, denn auch hier ist sowohl das Zuviel als auch das Zuwenig bedenklich. Was allerdings pauschal zu sagen wäre, ist, dass der Hund zwischen allen hervorgelockten oder selbstständig an den Tag gelegten Bewegungseinheiten ausreichende Ruhephasen benötigt.

Hundebegegnungen mit dem Welpen an der Leine: Wie sollten sie ablaufen, was ist zu beachten?

Welpen sind begeistert und stürmisch, wenn sie etwas für sie Interessantes sehen. Artgenossen gehören da an oberster Stelle dazu! Sie dann an der Leine hinzuführen oder womöglich sich vom Welpen dorthin manövrieren zu lassen, ist aber eine denkbar schlechte Idee. Und das aus verschiedenen Gründen:

- Leinen können sich total verheddern und die Hunde gleich mit.
- Leinen können sich um den/die Hund/e wickeln und dadurch Schmerz auslösen.
- An der Leine ist das arteigene Kommunikationsverhalten der Hunde behindert und eingeschränkt. Ein Hund, der sich einem Kontakt – selbst oder gerade mit einem Welpen – entziehen und weggehen wollen würde, kann das nicht. Eine nach vorn gerichtete Abwehrreaktion ist dann möglich, im schlimmsten Fall wird der Welpe gebissen. Keine gute Erfahrung, für keinen der Beteiligten.
- Der Welpe lernt, dass er zu jedem Hund ungebremst hin darf, jeder Artgenosse eine Inspiration für ihn darstellt, es keine Regeln für Hundebegegnungen gibt.

Glauben Sie mir, in einigen Wochen und Monaten gefällt Ihnen diese stürmische Begeisterung dann gar nicht mehr, wenn Sie zum Beispiel mit Ihrem Kumpel auf vier Pfoten

Welpen sollten an der Leine nicht zu anderen Hunden geführt werden.

durch die Stadt gehen und der von rechts nach links zieht, bloß weil er überall »mal gucken« und »Guten Tag« sagen möchte! Doch das wurde ihm im Welpenalter so beigebracht, weil es erlaubt war und ermöglicht wurde.

Es dient keiner besonders guten Sozialisation und führt auch nicht pauschal zur besseren Sozialverträglichkeit (manchmal eher im Gegenteil), den Welpen stets zu anderen Hunden hinzulassen. Vielmehr sollte bereits der Welpe lernen, gelassen an anderen Hunden vorbeizugehen und in deren Gegenwart Ruhe zu bewahren.

In einer Begegnungssituation wird der Welpe mit vergrößerter Distanz (Distanz so wählen, dass das Interesse am Gegenüber abnimmt, die Ansprechbarkeit für den Besitzer aber gegeben ist) vorbeigeführt. Dabei hält der Besitzer die Verbindung zum Welpen mittels Stimme, freundlicher Mimik, Spielzeug oder Futter. Machen Sie Angebote (soziale Ansprache, Futter, Spielzeug), die Sie spannender und interessanter sein lassen als anderes. Der Welpe wird auf die andere Seite beim Passieren genommen (reizabgewandte Führung). In einer statischen Position bewährt sich der Fuß auf der Leine. Der Besitzer stellt sich auf die Leine des Hundes, sodass dieser keinen allzu großen Radius mehr hat. Der Hund soll nicht weiter weggehen oder anspringen können. Nun macht der Besitzer nichts (wirklich nichts!), auch wenn der Welpe zieht und ruckt. Setzt oder legt er sich aber hin (weil es ja eh sonst nichts zu tun gibt und langweilig wird), dann erhält er soziale Bestätigung (Stimme, Lächeln, in die Hocke gehen seitlich zum Hund, aber bitte nicht über den Hund beugen und ihn betatschen) und gern auch einen Futterbrocken. So stets wiederholt – man kann es leicht auf jeden Spaziergang einbauen und sogar im heimischen Garten mit einer leichten Leine praktizieren – wird die Vorgehensweise schnell zu einem etablierten Signal: Fuß auf der Leine > Signal für Ruhe > Hund setzt oder legt sich oder steht beim Menschen mit lockerer Leine, egal welcher Bär drumherum tanzt!

Möchten Sie einen Kontakt zulassen – und dieser sollte nur dann erfolgen, wenn der andere Hund sozial kompetent und bekanntermaßen welpenfreundlich oder sogar selber ein Welpe ist und die äußeren Umstände ein Ableinen der Hunde erlauben –, dann geschieht das ohne Leine im ungestörten, aber sicheren Freilauf (siehe auch: Was bedeutet Welpenschutz?, Seite 53, und Warum läuft ein Welpe gern allen Menschen und Tieren hinterher?, Seite 55).

Mein Welpe wurde bei einem Zusammentreffen mit einem erwachsenen Hund gebissen. Seitdem ist er extrem misstrauisch. Was tun?

Wenn ein Welpe gebissen wird, ist das immer ein negatives Erlebnis, was für den Welpen und seine Menschen sehr unschön ist. Körperliche Wunden müssen natürlich SOFORT vom Tierarzt behandelt werden. Allein eine gründliche Untersuchung aufgrund des Schocks ist immer sinnvoll. Psychisch ist das Erlebnis eventuell etwas schwerer zu verarbeiten und braucht Fingerspitzengefühl bei der weiteren Vorgehensweise, damit der junge Hund nicht in Argwohn und Verunsicherung stecken bleibt.
Es empfiehlt sich, den Kleinen in der Folgezeit anfangs erst mit einem freundlichen (!) Gleichaltrigen oder mit einem sozial sehr kompetenten und sehr umgänglichen Althund zu konfrontieren, damit er wieder andere Erfahrungen machen kann. Dazu muss es auch gar keinen direkten Kontakt geben, wenn das noch schwierig ist. Es reicht schon aus, wenn die Erfahrung der Anwesenheit im gleichen Raum, auf der Wiese im Garten oder beim gemeinsamen Spaziergang gemacht wird und das ausgehalten werden kann. Es kommt halt auf die Schwere der vorangegangenen Negativerfahrung an.
Hunde können durchaus auch recht einschneidende Erlebnisse vergessen, wenn sie gut abgefangen und aufgearbeitet werden. Wer unsicher ist, sollte sich mit seinem Hund früh- und rechtzeitig beraten und helfend begleiten lassen.
Damit eine solche Situation nach Möglichkeit nicht eintritt:

- Keinen Kontakt zwischen angeleinten, einander fremden Hunden zulassen, vor allem nicht für Welpen (siehe auch: Hundebegegnungen mit dem Welpen an der Leine: Wie sollten sie ablaufen, was ist zu beachten?, Seite 68).
- Hunde, vor allem junge, im Freilauf nur mit Artgenossen Kontakt haben lassen, deren sozial kompetente Verhaltensweise bekannt ist. Aussagen wie »Meiner ist meistens lieb« stellen sich bereits häufig als Trugschluss heraus. Und dann heißt es: »Das hat er ja noch nie getan!« Doch der gebissene Hund trägt den Schaden.
- Seien Sie dem eigenen Hund ein »sicherer Hafen« in brenzligen Situationen und bieten Sie ihm Schutz gegen »uneingeladene Dahergelaufene«.

Althunde, die mit Welpen Kontakt haben, sollten Welpen mögen, damit es nicht zu unschönen Zwischenfällen kommt.

Darf mein Welpe Stress erleben?

Nicht selten hört man als Hundebesitzer die Empfehlung, dass der Hund – und erst recht der Welpe – auf gar keinen Fall gestresst werden dürfe. Dabei werden aber gern die Begriffe »Stress« und »Herausforderung« miteinander verwechselt und/oder gleichgesetzt. Zum Leben des Welpen gehören Herausforderungen dazu, an ihnen wächst man, durch sie lernt man. Die Auseinandersetzung mit solchen Herausforderungen kann zwar zu einer kurzzeitigen Stressbelastung führen, was aber die Bewältigung der Herausforderung unterstützt. Und das schadet nicht, sondern fördert sogar die psychische und körperliche Entwicklung.

Nur anhaltender Stress macht krank und muss deshalb vermieden werden. Herausforderungen müssen dem Alter, dem Typ, den Fähigkeiten und Fertigkeiten und der jeweiligen Individualität des Lebewesens entsprechen und zu bewältigen sein – auch wenn es etwas Anstrengung bedeutet.

Herausforderungen und auch Frustration sind keine »bösen« Umstände, die stets ferngehalten werden müssen. Im Gegenteil – sie gehören zum Leben und müssen erlebt und durchstanden werden. Die Abgrenzung zwischen Herausforderung und Überforderung ist sorgfältig zu beachten!

Ab wann sollte man mit dem Hund zum Welpenkurs?

Da die Welpenzeit relativ kurz ist, sollte man, wenn man eine Welpengruppe besuchen möchte, zügig nach Übernahme des Kleinen beginnen. Je nach individueller Eingewöhnungszeit von wenigen Tagen bis zu einer Woche geht es los. In der Welpengruppe treffen Hunde aufeinander, die in etwa gleich im Alter von neun bis maximal circa 16 Wochen sind, danach geht es schon in die Junghundegruppe.

Sinnvoll ist es, sich bereits vor Übernahme des Welpen nach einer kompetent geführten Welpengruppe umzusehen und die Zusammensetzung der Gruppe zu erleben. Kostenlose Schnupperstunden werden meist nicht angeboten, machen aber auch keinen Sinn und sollten nicht erwartet werden. Was man aber häufig darf, ist, sich vor der Übernahme des Hundes allein einmal eine Stunde anzuschauen.

Wie merke ich, ob ich mit meinem Welpen in der Welpengruppe gut aufgehoben bin?

Die Gruppe sollte nur Welpen im Welpenalter beinhalten und eine überschaubare Größe von drei bis maximal sechs Welpenteilnehmern haben. Alle Welpen sollten die erste Impfung erhalten haben (gibt es in der Regel in der kontrollierten Zucht in der siebten Lebenswoche), entwurmt sein und schon mindestens drei, vier Tage im neuen Zuhause leben. Die Welpenschule sollte immer am gleichen Ort stattfinden, damit die noch jungen Hunde mit der noch wirkenden Ortsbindung nicht überfordert werden. Auch reichen bei Welpentreffen oft 30 bis 45 Minuten völlig aus. Welpe und Mensch sollten sich wohlfühlen und trotz Gruppenteilnahme die Möglichkeit einer individuellen Anleitung – abgestimmt und angepasst an das jeweilige Mensch-Welpe-Team – erfahren!

Mein Welpe wird sehr hektisch in der Welpenschule, was kann ich tun?

Häufig werden Welpen hektisch und agieren völlig überdreht, wenn sie mit der Gesamtsituation überfordert sind. Die Besitzer denken dann oft, dem Welpen sei langweilig. Das kann gelegentlich auch mal so sein, vor allem dann, wenn er nicht auch selber ein bisschen denken kann und darf und nur körperlich beschäftigt wird. Meist ist es aber genau umgekehrt; er ist völlig überdreht, weil er übermüdet ist. In solchen Fällen ist die einzig richtige Entscheidung, seinen Welpen aus der Situation herauszunehmen und ihm Ruhe zu ermöglichen. In vielen Welpengruppen werden (sinnvollerweise) gezielte Ruheübungen und zur Ruhe bringende Maßnahmen vermittelt. So wenig, wie Welpen ihr Energielevel kontrollieren können, so wenig können sie Impulse kontrollieren. Und wenn es zu viel wird, gerät alles aus den Fugen.

Übrigens: Auch bei Hunden gilt: Nach müde kommt doof!

Worauf muss man bei einer Welpengruppe achten?

Die Unterscheidung »gut« von »schlecht« bis sogar »gefährlich« zu treffen, fällt dem Hundebesitzer, erst recht dem unerfahrenen, oft schwer. Grundsätzlich sollten in einer Welpengruppe auch nur Welpen im Alter ab circa neun bis maximal 16 Wochen sein. Die Ausnahme bildet hier ein gelegentlich mit anwesender ruhiger, sozial sehr freundlicher und kompetenter Althund, der die Anwesenheit von Welpen kennt und schätzt und Ruhe vermittelt. Es ist aber wichtig, nicht nur auf das Alter zu schauen, sondern auf die mentale Verfassung. Manch 14 Wochen alter Kleinterrier passt nicht mehr in eine Welpengruppe und sollte zu den Junghunden wechseln, wohingegen vielleicht ein 16 Wochen altes Sensibelchen noch gut ein, zwei Wochen mit den Jüngsten verbringen kann.
Junghunde (sechs bis zwölf Monate alt) haben in einer Welpengruppe nichts zu suchen.
Die Anzahl der teilnehmenden Welpen muss (!) für die Welpen und den Trainer überschaubar und zu händeln sein. Zehn umeinander wuselnde Hundekinder übersteigen die Fähigkeiten eines jeden Trainers, sei er noch so fähig (und meint nicht nur, es zu sein). Bei einer höheren Anzahl von Welpen einfach einen weiteren Trainer auf gleichem Platz einzusetzen, nützt auch nichts, denn für die Welpen bleibt die (unüberschaubare) Fülle an Artgenossen bestehen. Da hilft nur das Aufteilen auf von einander abgetrennte Bereiche und auf mehrere Trainer oder eben auf Gruppen zu verschiedenen Zeiten, die auch ein Trainer allein leisten kann.

Übrigens: Eine Welpengruppenstunde ist kein Kaffeeklatsch und darf auch nicht dazu verkommen.

Was ist Inhalt einer Welpengruppe?

In der Welpengruppe sollte es nicht allein um »Spiel« untereinander und miteinander gehen, wenngleich dieses durchaus wichtig ist für die Festigung innerartlicher Umgangsformen und der Feinjustierung des Kommunikationsverhaltens dient. Sinnvoll strukturierte Spielsequenzen zwischen Mensch und Hund sind ebenso nützlich. Weiter werden den Welpen angepasste und ihren Fähigkeiten angemessene Reize geboten (Flatterbänder, Windräder, Bodenmatten mit verschiedenen Untergründen, Naturerfahrungen, Geräusche usw.) und erste spielerische Übungen angesetzt. Lernspiele zum eigenen Namen und zur Folgebereitschaft (Kommen bei Rufen des Namens, Mitkommen auf »Komm mit mir« ...) sowie zum Körperbewusstsein (Klettern und Balancieren) stehen ebenfalls mit auf dem Programm. Und manchmal knüpfen sich hier auch die ersten zarten Bande einer lebenslangen Freundschaft.

Welpengruppen bieten:

- Kontrollierten Kontakt zwischen den Artgenossen, moderiert durch den Trainer.
- Angepasste und zu bewältigende Herausforderungen durch diverse Reizkonfrontationen.
- Vermittlung von Basiswissen durch den Trainer.

In der Welpengruppe finden in entspannter Atmosphäre welpengeeignete Reizkonfrontationen statt.

- Initiierte und durchdachte Übungsabläufe mit Erläuterungen zum Warum und Wie durch den Trainer.

Wie viele Welpen in der Gruppe sind noch toll?

Immer wieder ist von Gruppenstärken bis zu zwanzig Welpen zu hören, oftmals auch noch zur Freude der Hundebesitzer, denn das suggeriert: »Da ist was los!« Ja, da ist sicherlich was los, aber nichts Sinnvolles für den Welpen. Auch die eventuelle Tatsache, dass bei einer großen Gruppe mehrere Trainer vor Ort sind, nützt da nichts, denn die Masse an Hunden – und damit an Reizen! – bleibt bestehen. Anders wäre es nur, wenn die Gruppe in mehrere kleine Gruppen mit jeweils einem Trainer aufgeteilt, räumlich getrennt und während der Stunde unter sich bleibend gestaltet würde. Nur so wird einer Überforderung vorgebeugt.

Übrigens: Es gibt diverse Untersuchungen, anhand derer der Rückschluss gezogen werden kann, dass Hunde einen Begriff von Zahlen zwischen Eins und Sechs haben.

Demnach ist eine Gruppenstärke von maximal sechs Welpen zu empfehlen.

Sollte ich mit meinem Welpen die Hundewiese besuchen, auf der sich alle vom Dorf mit ihren Hunden treffen?

Davon kann nur abgeraten werden. Zum einen ist es einem Welpen aufgrund der noch wirkenden Ortsbindung meist nicht geheuer, weiter vom Haus wegzugehen. Auf der Hundewiese treffen sich außerdem Hunde verschiedenen Alters, unterschiedlicher Größe, variierender Kraft und Masse und nicht immer nur sozial positiv gestimmte, was für einen Welpen alles ungünstig und überfordernd bis gefährlich ist. Pubertierende Artgenossen sind weder zimperlich noch zartfühlend zu dem Kleinen, auch erwachsene Hunde sind nicht grundsätzlich begeisterte Welpenfans. Die Erfahrungen, die ein Welpe dann mit nach Hause nehmen muss, sind in der Folge häufiger schlechte als gute. Und das führt dann schnell dazu, dass der Welpe bereits in jungem Alter zu der Überzeugung kommt: »Artgenossen? Nein, danke!«

Warum beißen junge Hunde so oft in die Leine?

Einfach geantwortet: weil ihnen das in den meisten Fällen Aufmerksamkeit bringt! Der Mensch meint zwar, dass er schimpft und dem Hund sagt, dass dieser es lassen soll. Er hält den Hund für »böse«, »stur« und »trotzig«, wenn dieser sein Verhalten nicht einstellt. Der »junge Wilde« registriert aber nur, dass sein Mensch sich mit ihm auseinandersetzt, sich ihm widmet, mit ihm »redet«, sich mit ihm beschäftigt und sozial interagiert. Ist doch toll, warum also aufhören? Wichtig ist herauszufinden, warum und wann in die Leine gebissen wird! Es kann zum Beispiel gemacht werden, wenn eine Situation oder Umstände überfordern, das heißt der Hund »Dampf ablassen« muss.

Beim Welpen und Junghund sollte zuerst versucht werden, das Verhalten komplett zu ignorieren, die Leine sofort fallen zu lassen, wenn der Hund hineinbeißt und beginnt, mit dem Menschen Tauziehen zu spielen. Ein Weglaufen des Hundes verhindert man, indem man sich mit dem Fuß auf die Leine stellt. Meist wird dem Hund das »Spiel« dann auch schnell »zu blöd«, wenn sich so gar nichts tut und er spuckt die Leine aus oder lässt sie selber fallen. Wenn ein Abbruchsignal (»Nein«, »Aus«, »Lass das«) verwendet wird, muss der Hund dieses zuvor bereits sicher gelernt haben und wissen, was Sie damit meinen und was von ihm erwartet wird. Auch bei älteren Hunden muss geprüft werden, ob das Verhalten aus einer Anspannung und Überforderung heraus gezeigt wird. Dann gilt es die Anforderungen zurückzuschrauben, damit die Grundstimmung entspannter bleibt. Manchmal reicht es auch, das Material der Leine zu ändern.
Hunde, die gern apportieren, können alternativ ein Apportel tragen. Ist das Maul besetzt, passt meistens keine Leine mehr dazu.

Warum beißen junge Hunde so oft in Ärmel oder Hosenbeine?

Einfach geantwortet: weil ihnen das in den meisten Fällen Aufmerksamkeit bringt! Der Mensch meint zwar, dass er dem Hund sagt, dass dieser es lassen soll. Vielleicht schimpft er anhaltend und denkt, der Hund sei »böse«, »stur« und »trotzig«, weil er sein Verhalten nicht einstellt. Der »junge Wilde« registriert aber nur, dass sein Mensch sich mit ihm auseinandersetzt, sich ihm widmet, mit ihm »redet«, sich mit ihm beschäftigt und sozial interagiert. Ist doch toll, warum sein lassen?
Solange der Hund kein Abbruchsignal ge-/erlernt hat, kann er kein Abbruchsignal verstehen, beherzigen, befolgen.

Mein Hund hat super gehört – nun ist er acht Monate alt und nichts geht mehr. Was nun?

»Pubertät ist dann, wenn die Besitzer komisch werden«, heißt es flapsig so schön. Ja, die Pubertät kostet Nerven, das ist unbestritten. Aber es ist eine Phase – und Phasen gehen vorbei. In der Pubertät gibt es eine Menge Baustellen im Gehirn, da in allen Ecken Umbauprozesse stattfinden. Daher ist es häufig nicht der vermutete Trotz oder die unterstellte Sturheit, wenn ein Hund mal nicht hört, nicht ausführt, was er doch schon so toll konnte, von Dingen verunsichert ist, die er längst kannte, oder stundenlang den »Duracell-Hasen« spielt und für menschliche Ansprache nicht mehr erreichbar ist. Geduld und Ruhe sind (mal wieder) gefordert und durchaus auch die Großmütigkeit, gelegentlich »Fünfe gerade« sein zu lassen.

- Übungen sollten in dieser Zeit kurz gehalten werden, denn aufgrund der »Baumaßnahmen« im Gehirn ist auch die Konzentrationsfähigkeit verringert.
- Anleitungen sollten klar erfolgen und für den Hund positiv besetzt sein, damit das Mitmachen Spaß macht und lohnenswert ist. Wie bei menschlichen Teenagern spielt der Spaßfaktor in dieser Entwicklungsphase nämlich eine nicht unwichtige Rolle.
- Der Hund sollte in seinem Tun gelenkt und kontrolliert werden, damit er sich auf einem guten Weg befindet und nicht einfach davon abweichen kann, um eigenen Vorstellungen zu folgen. Pubertierende Hunde gehören an die (lange) Leine!
- Stimmungsschwankungen, Aggressionsausbrüche gegen Artgenossen und vermehrte Unsicherheit sind in dieser Phase durchaus normal. Auch hier ist die ruhige, klare Führung durch den Menschen nötig.
- Auch vermehrtes Bellen kommt in der Pubertät vor. Hier macht es Sinn, die auslösenden Reize zu sondieren und nach Möglichkeit zu minimieren/zu meiden, den

Hund zum Beispiel nicht allein im Garten zu lassen.

Mein junger Rüde interessiert sich auf einmal nur noch für die Damenwelt, was tun?

Beginnen Rüden das Bein zu heben beim Urinieren, setzen sie gern und häufig Markierungen ab und versuchen dabei auch kräftig die Läufe durchzudrücken, um noch einige Millimeter höher zu kommen und sich noch größer zu machen, dann naht es, das Schreckgespenst eines jeden Hundehalters, die Pubertät! Und dazu gehört nun auch das wachsende Interesse an Artgenossen, erst recht an denen anderen Geschlechts. Es hilft alles nichts, da muss man durch (Hundehalter samt Hund, hier stimmt es nun doch mal mit dem »Durchmüssen«).
Ist womöglich im Nachbarhaus eine Hündin läufig, dann reagiert der Rüde natürlich darauf, wobei die Ausprägung hier sehr unterschiedlich sein kann und abhängig ist von der Persönlichkeit des Individuums, dem Alter, aber auch von der Beziehung zum Nachbarhund generell. Von ein bisschen Unruhe und Wimmern über die »entscheidende Zeit« der Standhitze bis zu Futterverweigerung, Durchfall, Erbrechen, massiver Nervosität am Tag und in der Nacht, Zerstörungsanfällen und Ausbruchsversuchen über die gesamten Wochen der Läufigkeitsphase nebenan ist alles möglich. Bitte lassen Sie sich jetzt nicht einreden, dass die Kastration das einzige Allheilmittel sei und unverzüglich der OP-Termin gemacht werden solle!
Die Pubertät ist eine Entwicklungsphase und keine Krankheit. Wie beim menschlichen Nachwuchs auch, so lassen Konzentrationsfähigkeit und Ausgeglichenheit nach, dafür nehmen Umweltinteresse, Größenwahn und Sensibilität zu. Meist hilft es den Hundehaltern am ehesten weiter, wenn sie die Ansprüche etwas herunterschrauben, Gelassenheit walten lassen, sich auf wenige/r Regeln beschränken, diese aber auch klar und konsequent verfolgen, und hier und da – so weit möglich – auch mal »Fünfe gerade« sein lassen. Nerven bewahren, es kommen auch wieder andere Zeiten!

Pubertät ist dann, wenn die Besitzer komisch werden.

RUND UM **VERHALTEN** ALLGEMEIN

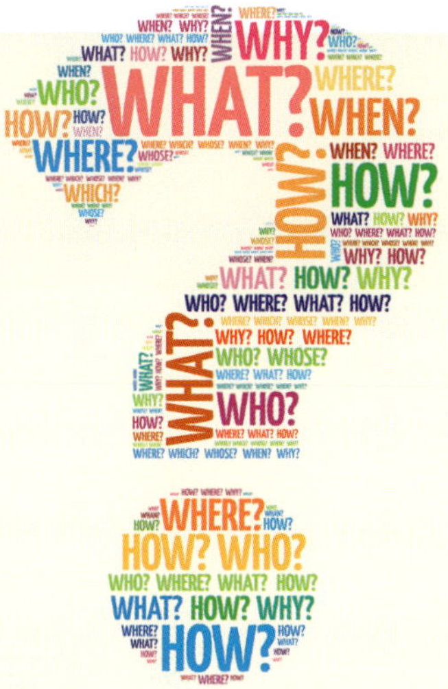

Können Hunde lächeln?

Ja, können sie! Und sie scheinen es sogar manchmal gezielt einzusetzen. Es wird vermutet, dass sie diese Mimik im Laufe der Jahre des Zusammenlebens mit dem Menschen als sozio-positives Signal anzuwenden gelernt haben. Die Lefzenränder werden dabei leicht und locker hochgezogen, so wie ein Mensch seine Mundwinkel nach oben zieht. Manche Hunde entblößen sogar etwas ihre Schneidezähne, weisen gleichzeitig aber eine völlig entspannte Körperhaltung und einen glatten Nasenrücken auf, was ein Unterscheidungsmerkmal zum Drohverhalten darstellt. Häufig begrüßen Hunde ihre Menschen nach Abwesenheit so und kommen ihnen lächelnd entgegen.

Können Hunde lügen?

Ja, das können sie! Im Sinne von Taktieren und um sich einen Vorteil zu verschaffen, »flunkern« sie durchaus mal. Wer mehrere Hunde bei Interaktionen beobachtet, der kann vielleicht ein solches oder vergleichbares Szenario beobachten: Einer der Vierbeiner hat etwas, was ein anderer auch gern hätte. Doch er kommt nicht ran; es wird zu gut bewacht. Daraufhin läuft der Begierige vom Objekt weg, kläfft in eine völlig andere Richtung und schlägt Alarm. Wenn er Glück hat, springt nun der Besitzer des Objekts der Begierde auf die Beine, lässt alles stehen und liegen und läuft ebenfalls in die Richtung des Alarmschlagenden. Der wiederum lässt den anderen näher kommen und sogar überholen – um sich dann blitzschnell umzudrehen, zurückzulaufen und sich die Beute zu schnappen!

Übrigens: Die Schweizer Forscher Heberlein, Manser und Turner haben 2017 eine Studie (Deceptive-like behaviour in dogs (Canis familiaris)) veröffentlicht, die belegt, dass Hunde nicht nur in der Lage sind, ihr Gegenüber zu täuschen, sondern darüber hinaus sogar taktisch vorgehen, wenn es um kooperatives Verhalten geht. In der Studie führten Hunde Menschen an für die Hunde unerreichbares Futter. Personen, die das gefundene Futter aber nicht an die Hunde austeilten, wurden in der Folge seltener bis gar nicht mehr dort hingeführt.

Trauern Hunde?

Hunde können durchaus trauern, wenn ein ihnen vertrauter und geschätzter Sozialpartner (Mensch wie Hund) plötzlich nicht mehr da ist. Doch fallen Reaktionen völlig unterschiedlich aus. Manche Hunde scheinen eher gelassen, manche etwas verstört, manche vermitteln durchaus den Eindruck von Trauer. Für viele Hunde ist der Tod offenbar etwas völlig Normales, nicht einmal der veränderte Geruch irritiert sie besonders. Berücksichtigt werden muss aber auch, dass bei einer Reaktion eines Hundes nicht nur das effektive Fehlen des geschätzten Lebewesens Auswirkungen hat, sondern vielmehr die daraus resultierende Veränderung der allgemeinen Gegebenheiten und Umstände des gesamten Gruppenkonstrukts. Das kann irritieren und verunsichern.

Sind mehrere Hunde im Haushalt, so kann man diese von einem toten Gefährten Abschied nehmen lassen. Wenn Sie das möchten und das Gefühl haben, dass Ihre anderen Hunde das brauchen, dann machen Sie es.

Erkennt eine Hündin ihre Kinder?

Ja, davon darf ausgegangen werden. Peter Hepper hat sich bereits 1994 mit der Verwandtschaftserkennung bei Hunden beschäftigt. Nach seinen Erkenntnissen erkennen Welpen bereits im Alter von vier bis fünfeinhalb Wochen ihre Geschwister sowie ihre Mutter und Mütter ihren Nachwuchs. Über das sogenannte Geruchsgedächtnis bleibt die Wiedererkennung der eigenen Kernfamilie (allerdings spielt der Papa hier keine Rolle, denn die Kernfamilie bezieht sich auf Mutter und Geschwister) über Jahre bestehen, selbst wenn die Hunde in dieser Zeit keinen Kontakt zueinander hatten (Long-term retention of kinship recognition established during infancy in the domestic dog, Peter Hepper, 1994).

Können Hunde Mengen und Qualitäten unterscheiden?

Auch wenn es nicht um das exakte Erfassen und Bearbeiten von Ziffern, sondern um das Unterscheiden und Bewerten von Mengen geht, Tiere wissen: Viel ist mehr als wenig!

In Freilandbeobachtungen an sogenannten Straßenhunden hat der italienische Verhaltensbiologe Roberto Bonanni gesehen, dass zum Beispiel bei Grenzstreitigkeiten unterschiedlich großer Gruppen die beteiligten Hunde ihr Verhalten flexibel an die Größe der gegnerischen Gruppe in Relation zur eigenen anpassen: Bis zur Zahl Vier konnten sie offenbar zählen, bei Vier bis Sieben konnten sie noch mehr/weniger abschätzen.

Da Hunde Mengen und Qualitäten offenbar unterscheiden können, kann man dieses Wissen in der Anwendung von Futterbelohnung nutzen: Das Erlernen neuer Dinge, das Befolgen von eher unbeliebten Anweisungen und das Lösen von schwierigeren Aufgaben sollte mit hochwertigeren Belohnungshappen bestätigt werden.

Können Hunde mehrere Bindungspartner haben?

Ja, das können sie durchaus. Die Exklusivität eines Bindungspartners bedeutet ausdrücklich nicht, dass nur eine Bindung aufgebaut werden kann. Aber jeder Bindungspartner kann durch keinen der anderen ersetzt werden. Die typische Situation unserer Familienhunde ist ja die, dass sie von mehreren Menschen in der Familie gleichermaßen betreut werden. Hierbei gewichten Hunde die Bedeutung und die Wertigkeit der Menschen in der Familie durchaus unterschiedlich, wobei ausdrücklich gesagt werden muss, dass das Futtergeben eben nicht die wichtigste Komponente ist.

Familie: Kann der Hund sich auf verschiedene Familienmitglieder einstellen und sich diesen anschließen oder gibt es nur einen Ansprechpartner?

Exklusivität einer Beziehung, vor allem einer Bindungsbeziehung, bedeutet nicht, dass man nur einen Bindungspartner haben kann. Die typische Situation unserer Familienhunde ist ja die, dass sie von mehreren Menschen in der Familie gleichermaßen betreut werden und Beziehungen zu diesen haben. Hunde können durchaus auch Beziehungen/Bindungen unterschiedlicher Qualität zu ihren Menschen ausbilden. Ein freundlicher Zweitmensch aus der Familie, auch wenn dieser öfter den Hund spazieren führt oder füttert oder mit ihm Sport macht, ist jedoch kein Ersatz für den hauptsächlichen Bezugsmenschen.

Hunde gewichten die Bedeutung und die Wertigkeit der Menschen in der Familie, wobei hierbei normalerweise das Futtergeben nicht die wichtigste Komponente ist. Dies erstaunt nicht weiter, wenn man berücksichtigt, was Studien belegt haben, dass die meisten Hunde lieber mit Menschen Kontakt haben oder mit ihnen zusammenarbeiten, wenn sie sozial (Lob, Streicheleinheiten) belohnt werden, statt nur über Futter bestätigt zu werden (siehe auch: Belohnung – Leckerli oder Stimme?, Seite 123).

Hieraus erklärt sich auch ein Umstand, der vielen Hundebesitzern bekannt sein könnte und sie manchmal verwundert: Den ganzen Tag ist das »Frauchen« mit dem Hund zusammen, sie füttert ihn, sie geht mit ihm Gassi, ansonsten kümmert sie sich aber nicht groß um den Vierbeiner, da sie mit Haushalts- und Familienführung völlig ausgelastet ist. Kommt abends »Herrchen« nach Hause, ist Frauchen beim Hund völlig abgemeldet. Der Vierbeiner sucht die Nähe von Herrchen, beide genießen ausgiebige Kuscheleinheiten, gehen zusammen eine Runde Joggen. Am Wochenende geht es zwar mit der ganzen Familie zum Hundeplatz, doch spielen die Kinder mit den anderen auf dem Gelände, das »Frauchen« ist im Thekendienst verplant und das »Herrchen« läuft mit dem Schnüffelexperten eine Fährte, saust mit ihm durch den Sportparcour oder übt – hoffentlich hundzugewandt und abwechslungsreich – die willige Ausführung von Anweisungen.

Deutlich zeigt sich, dass nicht die Quantität, sondern die Qualität der gemeinsam verbrachten Zeit eine Rolle spielt, wobei hiermit ausdrücklich nicht nahegelegt werden soll, dass der Hund eine 24-Stunden-Dauerbespaßung braucht. Ganz im Gegenteil: Auch Ruhe, Entspannung und gepflegtes Nichtstun sind wichtig. Aber »einfach nur mitzulaufen« und dabei zwar versorgt, aber weitestgehend unbeachtet zu sein, ist eben auch nicht des Hundes Bestreben. Eine solche Beziehung hätte nachvollziehbar wenig Attraktivität und sicherlich keine Exklusivität.

Übrigens: »Jedes Individuum kann während seines gesamten Lebens verschiedene emotionale Beziehungen eingehen. Alle diese Beziehungen haben gemeinsam, dass sie andauern, sich auf ein bestimmtes Individuum beziehen und emotional bedeutungsvoll sind. Außerdem tendieren emotional verbundene Individuen dazu, Nähe und Kontakt miteinander zu halten und zu leiden, wenn sie unfreiwillig getrennt werden.« (Amelie Maria von Gaertner, Untersuchung zum Einfluss verschiedener Haltungsfaktoren und der vom Halter subjektiv empfundenen Bindung …, Dissertation, Hannover 2009, S. 33)

Was ist unter Bindung zu verstehen? Wie baut man sie auf?

Bindung und Vertrauen zu haben lässt sich nicht »trainieren« oder »anerziehen«, sie müssen durch entsprechende Erfahrungen im Miteinander aufgebaut und gefasst werden können. Das Bindungsmodell von John Bowlby und Mary Ainsworth, welches man auf die Mensch-Hund-Beziehung übertragen darf, geht davon aus, dass eine stabile, gesicherte Bindung, sei sie zunächst zwischen Kind und Eltern oder auch später zwischen anderen Sozialpartnern, im Wesentlichen aus vier möglichst gleichwertigen und gleich großen Komponenten besteht:

- Das Aufsuchen der Nähe zum Beziehungspartner. Dies bedeutet, dass die Annäherung an diesen und der Aufenthalt in seiner nahen Umgebung bereits von sich aus eine selbstbelohnende Wirkung hat. Es fühlt sich einfach gut an, in der Nähe eines bevorzugten Bindungspartners zu sein, auch wenn man gerade keine gegenseitigen Aktivitäten ausübt. Wie Untersuchungen an Hunden mehrfach gezeigt haben, ist dieses Nähesuchen – insbesondere nachts! – von besonderer Wichtigkeit. Hunde, die nachts in der Nähe ihrer Menschen schlafen können, sind nicht nur ruhiger und weniger anfällig für Hyperaktivitätsstörungen, sie schlafen auch ruhiger durch und sind weniger störungsanfällig. Das sollten alle Hundebesitzer bedenken, die ihren Hund nicht im Schlafzimmer, womöglich nicht einmal auf der Etage der Schlafräume dulden mögen.
- Der zweite, ebenso wichtige Bindungsfaktor ist die Trennungsreaktion. Nur wer eine Trennungsreaktion zeigt, kann auch als gebunden betrachtet werden. Dies soll nun aber nicht bedeuten, dass der randalierende, alles zerstörende, nicht allein zurückbleibende und völlig ausrastende Hund dieses Verhalten als Zeichen einer stabilen Bindung an den Tag legt, ganz im Gegenteil: Es bedeutet jedoch, dass ein Hund, der weder äußerlich noch innerlich das Gehen seines Menschen kommentiert und der auch beim Wiederheimkommen des Menschen keinerlei äußere oder innere Freude zeigt, dem der Mensch schlicht völlig egal ist, eben keine gesicherte stabile Bindung aufweist.
- Als dritten wichtigen Bindungsfaktor wird der Sichere-Basis-Effekt bezeichnet. Sichere-Basis-Effekt bedeutet, dass sich der Hund eben in Anwesenheit seines Beziehungspartners Mensch intensiver mit Neugierverhalten, Spielverhalten, Erkundungsverhalten bis eben auch mit dem Lösen schwieriger Intelligenzaufgaben und dem sich Hineinvertiefen in komplizierte Sucharbeiten auseinandersetzt.
- Der vierte wichtige Bindungsfaktor ist der »Sichere Hafen«. Gerade in Krisensituationen muss der Mensch als Rückzugsort für seinen Hund zur Verfügung stehen. Ein Beziehungspartner muss zuverlässig sein, das ist wichtig für die emotionale Bindung.

Nähe tut einfach gut! Auch Hunden untereinander.

Welpen Orientierung geben und sie mit Geduld und Klarheit ins Leben führen, das ist Aufgabe des Menschen.

Wie lässt sich Vertrauen aufbauen?

Bindung und Vertrauen zu haben, lässt sich nicht »trainieren« oder »anerziehen«, sie müssen durch entsprechende Erfahrungen im Miteinander aufgebaut und gefasst werden können. Mit die wichtigsten Erfahrungen sind die Verlässlichkeit und die Sicherheit. Der Sozialpartner muss einschätzbar sein, in seiner Gegenwart sollte man sich geschützt, willkommen und respektiert fühlen (können). Gemeinsames Erfahren, miteinander erlebter Spaß, ruhiger, klarer Umgang und Zeit (!) ermöglichen den Aufbau von Vertrauen. Jegliches Be- und Aufdrängen, wie es häufig im guten Willen bei Tierschutzhunden zu erleben ist, und Überfordern sind kontraproduktiv und zu vermeiden. Statt ständig um den Hund herumzuhelikoptern, sollte ihm durch Ruhe und verringerte Beachtung das Ankommen erleichtert werden.

Ist es ein Zeichen von starker Bindung, wenn sich mein Hund immer in meiner Nähe aufhält und mich auf Schritt und Tritt verfolgt?

Nein, meistens nicht. Vielmehr zeigen eher die unsichereren Hunde, die unter Trennungsproblematiken leiden, dieses Verhalten. Das kann von Verlustangst bis aber auch hin zu Kontrollverhalten alles Mögliche bedeuten und sollte bei deutlicher Ausprägung hinterfragt und analysiert werden.

Mein Hund bellt bei jedem lauten Geräusch in der Wohnung – ist das normal? Wie bekomme ich es hin, dass er entspannter wird?

Zwei Dinge sind wichtig zu erfassen: Auf welche Art von Geräuschen reagiert er und wie reagiert der Mensch selber? Wenn der Hund sich erschreckt oder mit Melden auf ein ungewöhnliches Geräusch reagiert, ist das völlig normal. Bei einem übermäßigen und unangemessenen (Dauer-)Bellen liegt vermutlich etwas Grundsätzliches im Argen, was mithilfe eines Trainers analysiert werden sollte. Hier reichen die Ursachen von Unterforderung bis Überforderung, von falsch gesetzten Signalen des Menschen bis zu mentaler Schwäche des Hundes mit ausgeprägter Nervosität oder Hyperaktivität (Gesundheitscheck empfehlenswert). Auch typgebundene Verhaltensweisen, Fehlkonditionierungen, übersteigertes Kontrollverhalten oder grundsätzliche Probleme in der Ausübung der Führungsposition durch den Menschen mit Regelaufstellung und Grenzsetzung für den Hund, müssen be- und überdacht werden.

Was bedeutet Territorialität?

Hunde verhalten sich auf dem eigenen Grund und Boden anders als in ihnen nicht vertrautem und/oder ihnen unwichtigem Terrain. Ihre Aufmerksamkeit und ihre Verteidigungsbereitschaft sind im und ums eigene Zuhause deutlich größer. Dabei kann der Begriff des »Zuhauses« variabel definiert werden. Er umfasst nicht nur das Haus und den heimischen Garten, sondern auch das Auto (rollendes Territorium), gegebenenfalls das Wohnmobil (rollendes Territorium), den Wohnwagen und das Areal davor auf dem Campingplatz, das Ferienhaus oder Hotelzimmer ab Tag zwei oder drei bei territorial verstärkt motivierten Hunden, aber auch häufig und immer wieder gegangene Spazierwege. Die Ausprägung von Territorialität variiert von Hundetyp zu Hundetyp und unterliegt auch der Individualität. In der Regel ist ein Labrador aber deutlich weniger territorial motiviert als der Vertreter einer Wach- oder Schutzhundrasse.

Herdenschutzhunde haben meist einen anderen Begriff von Territorium als Labradore.

Kommt Besuch ins Haus, ist mein Hund immer sehr aufdringlich. Wie kann ich das verhindern?

Es gibt einige Hundehalter, die mit dem Empfang von Besuch ihre Schwierigkeiten haben. Entweder, weil sich ihr Hund freudestrahlend und vehement permanent in den Vordergrund spielt, Besucher bedrängt bis belästigt und einen gnadenlosen Einfallsreichtum beweist, um Besucher in seinem Sinne zu beschäftigen. Ein entspanntes Teetrinken mit der Freundin oder ein ausgiebiges Fachsimpeln über die Sportereignisse der letzten Woche mit dem Kumpel – schier unmöglich! Oder der Vierbeiner ist grundsätzlich der Meinung, dass Fremde in der Wohnung ja mal gar nichts zu suchen hätten, kommentiert jede noch so kleine Bewegung des Besuches mindestens mit Grummeln und Brummen und gestattet maximal, dass ein Besucher reglos auf dem Stuhlrand sitzt.

In beiden und diversen vergleichbaren Szenarien wird deutlich, dass hier die Kontrolle über die Situation vom Hund und nicht vom Menschen ausgeht. Die Lösung des Problems besteht darin, dass der Mensch sich seiner Aufgabe bewusst wird und seinem Hund die Chance bietet zu lernen, wie man sich in solcher Situation als Hund verhalten sollte. Bei dem überschwänglich freundlichen Hund hilft schon die kürzere Hausleine, mit welcher der Hund aus einem eigenständigen Aufdrängen herausgenommen werden kann. Nicht selten führt alleine das Verhindern des hundlichen (Fehl-) Verhaltens schon zu einer deutlichen Verbesserung und zu der Fähigkeit des Hundes, mehr Ruhe zu finden, weil sich ja auch keine Reaktion eines Gegenübers einstellt.

Bei dem eher unfreundlichen vierbeinigen Zeitgenossen muss exakt analysiert werden, was der Hintergrund für dieses Verhalten ist. Von Unsicherheit und Überforderung bis hin zu offener Aggression und wieder fehlender Führungsqualität des Menschen ist alles möglich, sodass nur eine genaue Analyse letztlich einen sinnvollen und zielführenden Trainingsweg aufweisen kann.

Es spricht absolut nichts dagegen (aber viel dafür), den Hund – gerade wenn er mit der Situation völlig überfordert ist – aus dem Geschehen herauszunehmen und in einen anderen Raum zu verbringen, sodass er dem gesamten Verlauf nicht mehr ausgesetzt ist, andererseits aber auch der Besitzer keine Zweifel, Skepsis, Ängste durchleben muss, was ja auch auf den Hund abfärbt (Stimmungsübertragung) und mit dem Besuch in Verbindung gebracht wird. Die Zusammenarbeit mit einem kompetenten Trainer kann nur dringend empfohlen werden. Facebook, Instagram und Co. helfen hier definitiv wenig weiter, wenn auch immer wieder entsprechende Hilferufe dort zu lesen sind.

Mein Hund soll allen Gästen freundlich begegnen. Kann ich das üben? Wie gehe ich vor?

Aus dem Wunsch heraus, dass der Hund freundlich und nett zu allen Leuten sein soll, wird ihm häufig bei jeder Gelegenheit die Kontaktaufnahme ermöglicht und positiv besetzt. Dies kann durchaus dazu führen, dass er immer mehr Begeisterung spürt, wenn Gäste ins Haus kommen, nette Begegnungen auf der Straße stattfinden, Bekannte unterwegs getroffen werden und man ein Schwätzchen hält. Doch es gibt ein großes ABER, was diese Vorgehensweise so pauschal dann doch etwas in ein anderes Licht rückt. Häufig jammern die gleichen Hundebesitzer ein paar Wochen oder Monate später darüber, dass ihr Hund sich bei Besuch völlig aufdringlich verhält, bei Begegnungen auf der Straße immer zu anderen Passanten zieht und nicht vernünftig an der Leine geht und beim Plausch mit dem Nachbarn an diesem herumhüpft, ihn anspringt, bellt und im angeleinten Stadium an der Leine zerrt.

Viel wichtiger wäre es doch, dass der Hund lernt, sich neutral und ruhig bei Gästen zu verhalten. Dazu sollten ein paar Regeln aufgestellt werden, die Mensch mit Hund leicht durchsetzen und Hund einfach befolgen und ausführen kann.
Das können sein:

- Ein ruhiges Verweilen auf der Decke in Anwesenheit von Besuch und eine Kontaktaufnahme erst zu einem späteren Zeitpunkt und nach ausdrücklicher Erlaubnis durch den Besitzer. So antrainiert und zuverlässig befolgt, kann der Hund unter Umständen sogar dabei sein, wenn Besucher Angst vor direkter Konfrontation mit Hunden haben. Am Anfang des Lernens kann eine Hausleine helfen, den Weg zum guten Verhalten zu finden und im Auge zu behalten. Wird dann das erwünschte Verhalten auch noch positiv bestätigt, lernt der Hund schnell und gern und freut sich auf eine angenehme Art und Weise, wenn Gäste kommen, ohne dabei in Hektik zu verfallen oder sich aufdringlich in den Vordergrund zu spielen.
- Ein Mitgehen an lockerer Leine in etwas vergrößerter Distanz zum entgegenkommenden Reiz, wobei dem Hund freundlicher Sozialkontakt durch seinen Menschen, vielleicht ein Spielzeug oder ein Leckerli geboten wird, bis die Begegnung erfolgreich absolviert wurde.
- Der Fuß auf der Leine als Signal für Ruhe beim Treffen von Personen unterwegs, mit denen man gern ein paar Worte wechseln möchte. Auch hierbei wird das ruhige Verhalten (Sitzen, Liegen, Stehen an lockerer Leine beim Menschen) natürlich positiv bestätigt.

Dürfen Gäste meinem Hund Leckerlis geben?

Letztlich entscheidet der Besitzer selber, was er erlaubt und was nicht. Die Frage ist eher, ob es sinnvoll ist, wenn Gäste dem Hund Leckerchen zustecken. Die Gefahr, dass der Hund dadurch bei Besuch ein aufdringliches Vorgehen an den Tag legt, ist zumindest gegeben und bei sehr verfressenen Hundetypen auch sehr groß, deshalb kann das nicht unbedingt empfohlen werden, erst recht nicht ohne Einhaltung bestimmter Regeln durch den Hund, zum Beispiel vorher Sitz, zuerst auf die Decke o.Ä. (siehe auch: Mein Hund soll allen Gästen freundlich begegnen. Kann ich das üben? Wie gehe ich vor?, Seite 85).

Was bedeutet Futteraggression?

Futterverteidigungsverhalten gehört zum Thema Wettbewerbsaggression. Hierbei wird um die Ressource Futter gestritten. Konflikte rund um Wettbewerbssituationen, bei denen zwei oder manchmal auch mehr Individuen etwas haben möchten, was aber nicht von allen beansprucht werden kann, treten in Sozialverbänden nicht selten auf und sind daher erst mal normal! Es gilt aber, ein sinnvolles und stimmiges Konfliktmanagement an den Tag zu legen und das Verhalten in solchen Situationen in geregelte Bahnen zu lenken und zu halten. Problematisch wird es dann, wenn das Verhalten übersteigert und unangemessen vorgebracht wird (siehe auch: Ist es sinnvoll ...?, Seite 141).

Übrigens: Soziale Isolation steigert Aggressionsverhalten, da wichtige Lernprozesse des sozialen Miteinanders verhindert werden. Konfliktlösung über ritualisiertes Verhalten muss ebenso im zwischen- wie innerartlichen Kontakt gelernt werden, wie die Kommunikation über Mimik und Gestik.

Immer beim Heimkommen begrüßt uns unser Hund mit der gleichen Zeremonie: Er nimmt etwas ins Maul und trägt das vor uns hin und her! Warum tut er das?

Die meisten Hunde lieben es, etwas im Maul zu tragen und dies aus unterschiedlichen Gründen. Im Falle der Frage dürfte der Antrieb zu diesem Verhalten einfach die Freude über die Rückkehr des Menschen sein. Über das Tragen werden Anspannung und Energie kompensiert und Begeisterung ausgedrückt. Je größer die Passion fürs Apportieren ist, umso lieber trägt ein Hund auch auf Spaziergängen etwas im Maul. Beim Spieltragen wiederum versucht ein Hund mit dem Offerieren eines Gegenstandes im Maul sein Gegenüber zum Abjagen zu ermuntern. Häufig entwickelt sich daraus ein Renn- und Jagdspiel.

Trägt eine Hündin circa zwei Monate nach Ende ihrer Läufigkeit ständig Teddys oder Sonstiges durch die Wohnung, erscheint dabei unruhig und quiekt, dann kann man ziemlich sicher von einer Scheinträchtigkeit ausgehen. Im günstigen Fall ist das schnell vorbei, doch kann sich diese eingebildete Mutterschaft auch massiv verstärken bis hin zur Milchentwicklung und eventuell auch erhöhter Aggression aufgrund von Jungtierverteidigungsverhalten!

Hunde lieben es, Gegenstände durch die Gegend zu tragen – aus unterschiedlichen Gründen.

Übrigens: Es gibt auch das Imponiertragen bei Hunden, bei welchem ein Gegenstand oder auch Futter ins Maul genommen und vor einem Artgenossen (oder einem Menschen) in eher langsamen und steifen Bewegungen mit durchgedrückten Gelenken, eventuell starr hoch erhobener Rute und vielleicht mit fixierendem Blick hin und her getragen wird. Das Gegenüber soll beeindruckt, vielleicht aber auch zum Kräftemessen herausgefordert werden.

Wo ist ein geeigneter Schlafplatz für meinen Hund?

Hunde suchen sich gern verschiedene Plätze, wo sie ruhen, dösen oder auch fest schlafen mögen. Deshalb sollten sie durchaus etwas Mitspracherecht haben, denn häufig gefällt ihnen der vom Menschen ausgesuchte Platz gar nicht, weil zu warm (oder auch zu kalt) für manchen Hundetyp, zu zugig, zu unruhig, zu weit von den Bezugspersonen entfernt oder zu nah und, und, und. Jeder Hund mag es anders. Dennoch gibt es ein paar, zumindest ansatzweise allgemeingültige Tipps:

- Welpen sollten zur Nachtruhe in der Nähe ihrer Bezugspersonen sein, da das gemeinsame Ruhen der »Familie« Schutz, Geborgenheit und Sicherheit vermittelt. Selbst wer seinen Hund nicht mit im Schlafzimmer nächtigen lassen möchte, sollte diese Einstellung beim Welpen überdenken. Zumindest könnte man ihm ja vielleicht die Möglichkeit vor der

Schlafzimmertür, also in der Nähe zum Menschen, einrichten. Außerdem bekommt man so auch nächtliche Unruhe des Kleinen mit, wenn dieser sich lösen muss, was das Trainieren der Stubenreinheit erleichtert. Wer alternativ mit seinem Welpen für die Anfangszeit in einem anderen Raum oder auf einer anderen Etage schläft, hat unter Umständen später das Problem, dass der Hund dann nicht alleine bleiben möchte, wenn der Mensch wieder in sein Bett umzieht bzw. dieses wieder gern tun würde!

- Viele Hunde legen sich gern in den Flur oder direkt vor die Haustüre (gemeint ist hier natürlich von innen). Diesen Ort als regulären Schlafplatz anzubieten, muss nicht, kann aber problematisch sein. Junge, aber auch unsichere Hunde fühlen sich an dieser Stelle leicht überfordert, da sie meinen, ihnen sei die Aufgabe des Aufpassens, Bewertens und Kontrollierens dieser wichtigen Tür, an der das Rein und Raus stattfindet, zugewiesen worden. Und das des Nachts und in der Situation, wo die eigentlichen Macht- und Entscheidungsträger nicht zugegen sind und schlafen! Nicht selten reagieren sie dann massiv, wenn in den Morgenstunden der Zeitungsbote die Tageszeitung vors Haus legt, wenn in der Frühe die ersten Autos fahren und Lichtreflexe an den Wänden tanzen oder Arbeitnehmer zu Bus und Bahn hetzen und Laufgeräusche längs des Hauses verursachen. Entspannte Ruhe finden sie vielleicht nicht oder zu wenig.
- Seniorhunde können im Alter Demenzsymptome entwickeln und Probleme mit der Orientierung haben. Für sie kann der Zugang zu Treppen durchaus gefährlich werden. Für viele Hundesenioren ist es nachts leichter, wenn kleine Nachtlichter brennen (wie es sie für Kinder gibt).

Viele Hunde liegen gern von innen vor der Tür.

Mein Hund liegt gerne an der Tür, wenn wir zu Hause sind. Soll ich ihn lassen oder auf seinen Platz schicken?

Wenn der Hund von diesem strategischen Liegeplatz nicht die Aufgabe/den »Auftrag« ableitet, jeden draußen vorbeigehenden Passanten, jeden auffliegenden Schmetterling oder jeden sich im Wind bewegenden Grashalm lautstark kommentieren zu müssen beziehungsweise dieses zum Anlass nimmt, randalierend gegen die Tür zu springen, kann man ihm seinen Platz sicherlich gönnen, zumal dieser in der Regel eher kühler ist und daher oftmals von Hunden durchaus geschätzt wird. Kommt der Hund dort aber nicht zur Ruhe und empfindet sich im Arbeitsmodus auf Beobachtungsposten, so ist es hilfreich und nervenschonender für alle Beteiligten, ihm einen anderen, strategisch deutlich ungünstigeren Liegeplatz zuzuweisen und ihm den eigenständigen Zugang hierher zu verwehren.

Wo sollte der Hund nachts schlafen?

Hier muss man berücksichtigen, wie alt der Hund ist: Welpen gehören in der Nacht immer in die Nähe ihres Menschen, um Sicherheit und Geborgenheit zu erfahren, außerdem kann der Mensch so rasch reagieren, wenn das Hundekind nachts raus muss, um sich zu lösen. Auch jugendliche Hunde benötigen einen geschützten, reizabgewandten Ruheplatz, da sie

Gemeinsam ruht es sich am besten.

aufgrund ihrer Entwicklungsstufe per se reaktiver sind. Erwachsene Hunde suchen sich ihren Schlafplatz selbst da aus, wo es ihnen erlaubt und ermöglicht wird. Dabei wechseln sie durchaus in der Nacht auch ihren Platz (siehe auch: Wo ist ein geeigneter Schlafplatz für meinen Hund?, Seite 87).

Darf mein Hund in meinem Bett schlafen?

Letztlich entscheiden Sie ganz allein, ob Sie Ihrem Hund das Verweilen im Bett erlauben. Solange sich daraus keine Probleme ergeben (zum Beispiel Allergien, Hautirritationen oder auch: Hund liegt im Bett und knurrt Sie oder Ihren Partner an, sobald man den Raum betreten möchte), können Sie das nach eigenem Gusto handhaben. Allerdings dürfen Sie sich nicht wundern, wenn Ihr Vierbeiner daraus eventuell die Erlaubnis ableitet, auch im Hotel oder in der Ferienwohnung das Bett mit zu benutzen.

Empfehlenswert ist es daher, mit Signalen zu arbeiten, an welchen sich der Hund orientieren kann. Das kann zum Beispiel eine Decke sein. Liegt die Decke nicht auf dem Bett, ist dieser Liegeplatz tabu. Mit etwas Training verstehen Hunde solche Signale in der Regel sehr schnell.

Mein Hund schläft bei mir im Bett, manchmal möchte ich das nicht. Dann gibt es Stress. Was tun?

Ob der Hund im Bett schlafen kann/darf, muss jeder für sich selbst entscheiden. Allerdings sollten sich daraus keine Folgeprobleme entwickeln oder der Hund eine allgemeingültige Berechtigung daraus ableiten, die er bei Versagen einfordert und verteidigt. Akzeptiert er das »Raus!« nicht, sollte er grundsätzlich nicht die Genehmigung erhalten. In diesem Fall sollte der Mensch dem Hund abseits vom Bett einen Ort zum Schlafen zuweisen und das Bett für sich allein beanspruchen.

Darf mein Hund auf der Couch liegen?

Letztlich entscheiden Sie ganz allein, ob Sie Ihrem Hund das Verweilen auf der Couch, das Sitzen auf dem Sessel oder das Schlafen im Bett erlauben. Solange sich daraus keine Probleme ergeben (z.B. Hund sitzt auf dem Sofa und knurrt jeden an, der den Raum betreten möchte), können Sie das nach eigenem Gusto handhaben. Allerdings dürfen Sie sich nicht wundern, wenn Ihr Vierbeiner daraus eventuell eine allgemeingültige Erlaubnis ableitet, nach welcher er auch bei Tante Frieda das Sofa, bei Herrn Müller die Eckbank in der Küche und im Hotel das King-Size-Bett dem Boden vorzieht! Empfehlenswert ist daher, mit Signalen zu arbeiten, an welchen sich der Hund orientieren kann. Das kann die verbale Erlaubnis und Aufforderung sein, in Anwesenheit des Besitzers privilegierte Bereiche zu nutzen, was aber in Abwesenheit dann auch verhindert werden muss. Oder man nutzt eine Decke, auf welcher der Hund liegen darf, als Signal. Liegt die Decke nicht auf der Couch, ist dieser Liegeplatz tabu. Das muss auch in Abwesenheit durchgesetzt werden!

Wie mache ich meinem Junghund klar, dass er auch das Familiensofa nutzen darf, aber nicht das bei der Oma?

Empfehlenswert ist es, mit Signalen zu arbeiten, an welchen sich der Hund orientieren kann. Das kann die verbale Erlaubnis und Aufforderung sein, in Anwesenheit des Besitzers privilegierte Bereiche zu nutzen, was aber in Abwesenheit dann auch verhindert werden muss (und daher oft recht schwierig durchzusetzen ist). Oder man nutzt eine Decke, auf welcher der Hund liegen darf, als Signal. Liegt die Decke nicht auf der Couch, ist dieser Liegeplatz tabu. Auch hier muss aber gesichert sein, dass in Abwesenheit des Menschen die Regelung durchzusetzen ist. Bei lernresistenten Gesellen hilft eventuell nur das Schließen der Tür bei Abwesenheit des Menschen!

Warum scharren Hunde ihre Decken zusammen, bevor sie sich hinlegen?

Das »Bettmachen«, was die unterschiedlichsten rituellen Abläufe beinhalten kann (mehrere Male im Kreis laufen, Kratzen, Scharren, Schnaufen beim Ablegen), dürfte tiefstes Kanidenerbe sein, welches der Hund noch in sich trägt. Dabei dürfte die geruchliche Komponente eine wesentliche Rolle spielen. Der Hund hat unter den Pfoten Duftdrüsen, mit denen er seine individuellen Duftmarken hinterlässt. Durch die Aktionen auf dem angedachten Ruheplatz werden Besitzansprüche demonstriert und für Artgenossen kenntlich gemacht. Das Scharren und Laufen auf der Schlafstätte fällt somit in das Territorialverhalten, dient in freier Natur aber auch dem Komfort und der Sicherheit. Wird das Scharren und Buddeln nämlich genutzt, um eine Kuhle zu buddeln, so ist es in ihr im Sommer kühler, im Winter geschützter und wärmer, gleichzeitig liegt man tiefer, somit verborgen vor Blicken.

Wie lerne ich meinen Hund zu lesen?

Es ist durchaus wichtig, seinen Hund »lesen« zu lernen. Heutzutage gibt es dazu – zum Glück – viele Quellen, die dem Menschen Hundeverhalten und hundliches Ausdrucksverhalten näherbringen. Viele Bücher beschäftigen sich mit dem Thema, Seminare und Vorträge mit Filmsequenzen oder praktischem Erleben bieten Aha-Effekte, YouTube hält eine breite Auswahl an Videos bereit und das Netz ist voll mit Anmerkungen und Informationen (allerdings auch einigem Unsinn, das muss zugegeben werden). Nehmen Sie sich Zeit und nutzen Sie derartige Chancen! Machen Sie sich vertraut mit der Körpersprache Ihres Sozialpartners auf vier Pfoten, damit Sie in Situationen, in denen Ihr Hund Ihren Beistand, Ihre Anleitung, Ihre Hilfestellung und Führung benötigt, angemessen agieren können.

Was versteht man unter Stimmungsübertragung und was bewirkt sie?

Hunde sind in der Lage, Gefühle ihres Gegenübers zu entschlüsseln und sich diesen anzugleichen – denen ihrer Artgenossen wie denen des Menschen. Spiegelneuronen sind dafür verantwortlich, dass sich Hunde durch genaues Beobachten in die Gefühlslage anderer hineinversetzen können. Das geschieht im Wesentlichen unbewusst, löst aber eben bestimmte Reaktionen aus. Vielleicht haben Sie sich selber bereits gewundert, warum Ihr Hund Leute, die Sie nicht mögen, auch nicht mag, oder in Momenten, in denen Sie sich gerade richtig glücklich und zufrieden fühlen, selber lustig und entspannt erscheint und zu Clownereien aufgelegt ist. Oder gedrückt und in sich gekehrt durch den Tag schleicht, wenn es Ihnen selber schlecht geht, obwohl Sie doch versuchen, den »Toughen« und »Fitten« zu spielen. Ihr Hund durchschaut Sie – und spiegelt Ihr Glück wie Ihre Misere.

Diese Tatsache muss (!) im Zusammenleben, vor allem aber in der Anleitung, der Erziehung und dem Training des Hundes berücksichtigt und vor allem genutzt werden.

Übrigens: Forscher der Vet-Universität Wien zeigten bereits 2015, dass Hunde die Mimik von Menschen selbst anhand von Bildern verstehen. »Unsere Studie belegt, dass Hunde zwischen wütenden und freudigen Gesichtsausdrücken bei Menschen unterscheiden können«, so der Studienautor Ludwig Huber. (https://www.spiegel.de/wissenschaft/natur/hunde-koennen-menschliche-gesichtsausdruecke-lesen-a-1018186.html, aufgerufen Februar 2022)

Woran erkenne ich Unter-/ Überforderung?

Beide Zustände können im Prinzip die gleichen Auswirkungen und Anzeichen haben. Erfahrungsgemäß lässt sich aber feststellen, dass in der Praxis häufiger überforderte Hunde, sogar bereits Welpen, anzutreffen sind. All die vielen tollen Beschäftigungsaktionen, die wir Menschen dem Vierbeiner anbieten (von Mantrailing über Trickdogging bis Longieren oder Breitensport usw.) braucht der Hund im Prinzip nicht, um ein gesundes, zufriedenes, ausgefülltes Leben zu führen. Solange seine Grundbedürfnisse befriedigt werden, das Leben im Optimalfall gespickt ist mit sozio-positiven Erlebnissen und angenehmen Erfahrungen, ist eigentlich für ihn alles gut. Der Rest ist »Topping« und manchmal mehr Bestätigung für das menschliche Ego als Notwendigkeit für Zufriedenheit und Glück des Hundes.

Wann ein Hund unter- bzw. überfordert ist, ist individuell unterschiedlich und wesentlich durch den jeweiligen Persönlichkeitstyp bestimmt.

Mögliche Anzeichen für Unterforderung/ Überforderung können (!) u.a. sein:

- Unruhe
- fordernde Aufdringlichkeit
- bockiges Verhalten an der Leine
- sich kratzen

- Gähnen
- Unruhe
- Hyperaktivität
- Zerstörungswut
- gesteigertes Bellverhalten
- exzessives Buddeln
- Autoaggression
- allgemeine Verweigerung
- vermehrtes Hecheln
- gesundheitliche Probleme mit Magen und Darm
- häufiges Hinsetzen oder Hinlegen
- hinter dem Menschen hertrotten und deutliches Verlangsamen

Muss ich mit meinem Kleinhund auch in die Hundeschule?

Kleinhundebesitzer werden häufig von Freunden und Bekannten groß angeschaut, wenn sie berichten, dass sie mit ihrem Havaneser, Bolonka, Kleinterrier oder Papillon in die Hundeschule gehen. Muss man das mit so einem »Zwerg« auch? Müssen muss man gar nichts, aber sinnvoll ist es auf jeden Fall – für Mensch und Hund. Auch kleine Hunde sind Hunde! Im Miteinander lernen sich Groß und Klein kennen, ein Vorteil für alle. Natürlich muss man Größen- und Kräfteunterschiede beachten und natürlich gibt es im Freispiel miteinander durchaus Grenzen, denn das Verletzungsrisiko bei einem Zwei-Kilo-Hund ist natürlich ein anderes als bei einem 40-Kilogramm-Koloss. Dennoch verhelfen ein kontrolliertes (!) gemeinsames Üben und gezielte Kontakte dazu, den anderen als Artgenossen zu identifizieren und nicht als Angst einflößenden Riesen oder zu jagendes Beutesubjekt. Und es macht ja auch Spaß und stolz, wenn das Üben Früchte trägt, die im Alltag bewundert werden.

Auch Kleinhunde können, mögen und sollten lernen (können und dürfen).

Kann man Hunde und Kinder bedenkenlos miteinander spielen lassen?

Häufig wird behauptet, dass Kinder und Hunde sich immer verstehen. Die hohe Zahl an Beißvorfällen mit Kindern, oft sogar in der eigenen Familie, sprechen da eine andere Sprache. Grundsätzlich muss das Miteinander von Kind und Hund immer gut beobachtet werden und darf nur in Anwesenheit von Erwachsenen erfolgen. Selbst bei Kinder gewohnten und mögenden Hunden kann ein Schreck- oder Schmerzreiz unvorhergesehene Reaktionen auslösen. Leicht wird es dann mal brenzlig!

Wichtig ist auch, dass im Umgang miteinander beide Seiten, Hund wie Kind/er, klare Regeln und Umgangsformen vermittelt bekommen. Ein Hund ist kein »Freiwild«, mit dem ein Kind alles machen darf. Und ein Kind ist kein Artgenosse, an welchem geknabbert oder gezerrt werden darf und das auch nicht angerempelt, umgerannt oder angesprungen wird. Respekt im Umgang muss für alle gelten!

Kinder und Hunde können ein tolles Team sein – wenn beide Regeln kennen und beachten.

Warum sollte man Hunden nicht auf dem Kopf tätscheln?

Die meisten Hunde empfinden das Getätschel auf dem Kopf als unangenehm, vor allem dann, wenn es von einem Fremden ausgeführt wird. Fast automatisch beugt sich der Körper des Tätschelnden gen Hund oder sogar darüber, was dem Hund eventuell Unbehagen verursacht. Dann dringt die Hand auch noch in den Raum des Hundes ein, den er aber vielleicht aufgrund seiner Definition von Individualdistanz beansprucht. Aus diesem Grund ist es auch keine gute Idee, einem Kind zu raten, dass es die Hand vorstrecken solle, damit der Hund daran »mal riechen« könne. Wird dabei die Individualdistanz des Hundes nämlich unterschritten, wird er sich womöglich nicht mit Riechen begnügen, sondern seinen Raum und seinen Anspruch darauf verteidigen.

Beobachtet man Hunde genau in solchen Kopfstreichel- und Tätschelaktionen, dann sieht man nicht selten eine Fülle von Konfliktsignalen, wie zum Beispiel:

- mehr oder weniger deutliches Wegdrehen des Kopfes
- Züngeln
- Naselecken
- Distanzaufbau zum Menschen
- Ausweichen
- Augen zusammenkneifen und blinzeln

Blinzeln oder Augen zusammenkneifen kann ein Konfliktsignal sein.

Als Liebkosung gemeint, kommt es so schon häufig nicht beim Hund an. Als Belohnung/ Bestätigung für etwas gut Gemachtes ist Kopfstreicheln wirklich ungeeignet.
Natürlich ist es ein anderer Sachverhalt, wenn der Hund von sich aus den Kopf zum Streicheln und Tätscheln anbietet, das Ganze in entspannter Kuschelatmosphäre passiert und nichts Anstrengendes, Beanspruchendes oder Anspannendes vorausgegangen ist.

Darf mein Hund vor mir durch die Tür?

Ja, darf er, wenn Sie es ihm gestatten und es für Sie im Zusammenleben mit Ihrem Hund okay ist. Die häufig zu hörende Mutmaßung, dass sich aus solchem Verhalten eine »Dominanzproblematik« entwickelt, ist schlicht falsch. Eine Fülle von Ergebnissen aus der Feldforschung an frei lebenden Wölfen (zum Beispiel Bloch, Mech u.a.) belegen, dass Laufposition und Statusrang nicht gleichzusetzen sind und nicht korrelieren. Im Tiefschnee laufen vermehrt die kräftigeren Jungtiere voraus, die genügend Energie haben, den beschwerlichen Pfad für die Nachfolgenden leichter zu machen. In unvorhergesehenen Situationen erkunden vielleicht die Naseweisesten und Neugierigsten die Vorgänge. Situativ läuft oftmals derjenige voran, der in der betreffenden Situation entweder die beste Kompetenz oder die geringste Nervosität aufweist – oder einfach die größte Lust daran hat, mal gerade vorzupreschen. Das kennen wir von unseren Haushunden auch nur zu gut: Die jugendlichen Hunde rasen hin und her und verpulvern ihre Energie, die älteren Hunde zeigen sich (meist, nicht immer) gemäßigter und moderater.

Darf mein Hund vor mir herlaufen oder entwickelt sich daraus ein Dominanzproblem?

Einfach gesagt: Ja, darf er! Diese Frage hört man häufig, und schnell geistern den Hundebesitzern die übelsten Fantasien im Kopf herum von Hunden, die kompromisslos die Weltherrschaft an sich reißen wollen, nur weil sie vor ihrem Menschen herlaufen. Grund ist das noch in vielen Köpfen befindliche Hierarchiemodell aus vergangenen Zeiten. Dieses ist schon lange widerlegt, aber bis heute immer mal wieder – und nicht selten – präsent im Denken. Hunde sind schneller als ihre Menschen und allein deshalb schon meist vorneweg. Ist dabei beim angeleinten Hund die Leine trotzdem noch locker beziehungsweise beim frei laufenden Hund der Rückruf jederzeit möglich, dann ist das Vorauslaufen des Hundes meist überhaupt kein Problem. Natürlich müssen Sie als Halter dafür Sorge tragen, dass Ihr Hund niemanden belästigt, erschreckt oder behindert und dass

die Gesamtsituation ein Voranlaufen überhaupt möglich erscheinen lässt. Vor Kurven sollte ein frei laufender Hund herangerufen und an die menschliche Seite genommen werden.
Es gibt aber auch Hundepersönlichkeiten, für die die nahe Führung neben dem Menschen sinnvoller ist, zum Beispiel weil sie einem eher unsicheren Kameraden mehr Schutz und Unterstützung bietet.

Übrigens: Es gibt interessante Videos (zum Beispiel von Günther Bloch) von Wölfen im amerikanischen und kanadischen Winter, bei denen man beobachten kann, wie es gerade die jungen, energiegeladenen Jungtiere sind, die sich voranlaufend durch den hohen Schnee kämpfen und eine Spur treten, durch welche die entscheidungstragenden Alttiere kräftesparend hinterherkommen!

Hunde lieben es, loszusprinten und vorauszulaufen. Solange durch sie niemand belästigt oder gefährdet wird und der Ruckruf sicher funktioniert, ist auch nichts dagegen einzuwenden.

Warum ist Wedeln nicht gleich Wedeln und definitiv nicht immer ein Zeichen von Freude und Nettigkeit?

Häufig wird der wedelnde Hund gleichgesetzt mit einem freundlich gestimmten, aufgeschlossenen und zur netten Kontaktaufnahme bereiten Spiel- und Schmusekumpel. Und nicht selten hat das zu deutlichen hundlichen Abwehrreaktionen bis hin zu Beißvorfällen geführt. Nicht jedes Wedeln signalisiert eine freundliche Gestimmtheit, es gibt einen großen Facettenreichtum beim Wedeln. Wedeln ist ein kommunikatives Element, welches in einen Kontext gehört und auf verschiedene Art und Weise gezeigt wird. Und das muss der Mensch lesen lernen, um es korrekt interpretieren zu können. Am leichtesten zu verstehen, dass Wedeln nicht pauschal »nett« gemeint ist, ist, sich einen Jagdterrier vor einem Bau vorzustellen. Der wedelt eventuell »wie blöd« und bellt gleichzeitig in höchsten Jiff-Jiff-Lauten, bevor er mit einem Satz im Bau verschwindet. Oh, möchte er nun das Tier im Bau besuchen, freundlich begrüßen und mal Hallo sagen? Sicherlich nicht!
Schwanzwedeln erfolgt erst einmal aus einer Anspannung, einer Aufregung heraus. Doch variieren die Gründe dafür:

- Kommt der Besitzer nach Hause und der Kontext des Wedelns ist ganz klar Freude, so wird mit lockerer Rute und weiten, teils wilden Wedelschwungbögen der Begeisterung Raum gegeben. Oftmals lacht der Hund dabei klar erkennbar, hopst, hat weit geöffnete, strahlende, offene Augen und genießt den Blick zum und vom Menschen.
- Kommt der Besitzer aber nach Hause und vermittelt selbst aufgrund Erkrankung, Müdigkeit, Trauer oder Sonstigem eine negative Stimmungsbeeinträchtigung, so reagiert der Hund womöglich auch beim Wedeln wesentlich verhaltener oder verändert sein anfänglich noch lockeres Wedeln in eine eher angespannte, kurzwegige oder nur angedeutete Rutenbewegung. Dabei geht

der gesamte Körper vielleicht leicht in eine devot erscheinende Haltung. Augenkontakt wird gemieden oder der Blick aktiv abgewendet. Die Ohren sind zurück- oder herabgezogen. Der Hund vermittelt insgesamt den Eindruck leichter Verunsicherung und Irritation – obwohl er aber eben noch immer wedelt.

- Oder der Besitzer kommt nach Hause wie immer, aber der Hund zeigt eine bedrückte Gemütsverfassung, wedelt nur in kurzer Frequenz mit kleinen Bewegungen oder sogar nur angedeutet, duckt sich dabei mehr oder weniger deutlich und schaut womöglich leicht »belämmert«. Hundebesitzer empfinden das Verhalten oft als schlechtes Gewissen, was aber eine eher (ver-)menschlich(-t-)e Interpretation ist. Aber vielleicht hat den Hund in Abwesenheit des Besitzers etwas erschreckt oder die Abwesenheit hat den Hund grundsätzlich stark gefordert (weil nicht gelernt, weil Trennungsprobleme o.Ä.), dass sich Angst und Überforderung eingestellt haben. Wieder ein Wedeln, aber kein Ausdruck von Freude.
- Und dann gibt es gelegentlich durchaus Worst-Case-Szenarien, die oft (leider nicht immer, da die Brisanz der Situation eben nicht erkannt wird) den Ruf nach Hilfe beim Hundetrainer auslösen: Vor dem Menschen steht ein Hund mit durchgedrückten Gelenken, hoch gerecktem Hals, starrem Blick und starr erhobener Rute, die in der Spitze kurzstreckig und eher langsam, aber manchmal auch schneller und eher wie ein Zittern wirkend, bewegt wird. Auch eine Art »Wedeln«, aber unschwer als nicht wirklich freundlich-freudig und wohlgelaunt gemeint zu erkennen. Hier ist Vorsicht geboten, der Hund möchte es (was auch immer »es« ist) offenbar wissen.

Niemals (!) darf man nur ein körpersprachliches Signal beachten und daraus einen Rückschluss ziehen. Es geht immer um die Gesamtheit aller Merkmale unter Berücksichtigung der momentanen Situation und des Kontextes. Natürlich werden die diversen Wedel-Kommunikationssignale sowohl in der Hund-Hund- als auch in der Mensch-Hund-Beziehung vorgebracht und gesendet. Nur in der Hund-Hund-Begegnung werden sie in der Regel besser vom Gegenüber verstanden und beantwortet.

Übrigens: Das Schwanzwedeln des Hundes beschäftigt auch die Wissenschaft. Eine Gruppe italienischer Forscher fand heraus, dass ein Hund eher nach rechts wedelt, wenn positive Gefühle für das Wedeln vorliegen, und nach links, wenn negative der Auslöser sind. Vermutet wird, dass die – wie beim Menschen verkreuzte – Verschaltung der Körperhälften im Gehirn dafür verantwortlich ist. (Seeing Left- or Right-Asymmetric Tail Wagging Produces Different Emotional Responses in Dogs, M. Siniscalchi, R. Lusiot, G. Vallortigara, A. Quaranta, 2013)

Warum läuft mein Hund beim Versteckspiel an mir vorbei? Müsste er mich nicht riechen?

Wenn die Aufregung und Stressbelastung des Hundes in dieser Situation zu groß ist, zum Beispiel aufgrund von Verlustängsten, weil die Bezugsperson plötzlich weg ist und der verlassene Hund sich gruselt, dann nimmt die Reizverarbeitung das Gehirn in Beschlag und das energiefordernde Hochleistungswerkzeug Nase wird nicht eingesetzt. Mehr Kapazität hat das Gehirn in Stresssituationen womöglich nicht in größerer Menge zur Verfügung, sodass Reizverarbeitung, Stressregulierung, Situationsbewältigung und dann noch gezieltes Schnüffeln etwas viel auf einmal sein können (siehe auch: Macht es für den Hund einen Unterschied, ob sich etwas bewegt oder starr ist?, Seite 99).

Mein Hund nimmt alles, was er beim Gassi-Gehen findet, ins Maul. Wenn ich nicht schnell genug reagiere, frisst er es. Was mache ich?

Das Problem dürfte jeder Welpenhalter haben. Welpen erkunden ihre Welt mit dem Maul und den Zähnen, das ist nun einmal so. Man kann dabei nicht verhindern, dass auch mal etwas im Magen landet, was da nicht hingehört. Oft wird aber alles nur gekaut und beknabbert und in 1000 Einzelteile zerlegt, die dann letztlich doch wieder ausgespuckt werden. Gefährlicher sind da schon Kiesel und Schotter, die durchaus den Zähnen schaden und beim Verschlucken einen Darmverschluss verursachen können und eventuell operativ entfernt werden müssen. Nach dem Zahnwechsel nehmen diese »Ich-nehme-alles«-Manieren häufig ab.

Nicht alles, was gefunden wird, ist auch wirklich für den Verzehr geeignet

Erwachsene Hunde sind seltener motiviert, alles aufzunehmen, doch gibt es auch unter ihnen Exemplare vom Typ »Staubsauger«. Macht der Hund häufig die für ihn positive Erfahrung, dass er etwas Fressbares findet, wird es natürlich immer schwieriger, ihn vom Suchen (und Finden) abzuhalten. Für viele Tierschutzhunde war das in ihrem früheren Leben womöglich die einzige Chance zum Überleben. Sie schlingen deshalb noch schneller alles herunter, wenn sich jemand nähert und das Gefundene abzunehmen droht. Gerade in unseren Zeiten, in denen Hundehasser vermehrt unterwegs sind und Giftköder auslegen, ist das Aufnehmen von Dingen, die am Boden liegen, doppelt unerwünscht. Ein Training ist zwar möglich, aber sehr langwierig, was aber nicht heißen soll oder als Entschuldigung gelten darf, es nicht zumindest zu versuchen. Ihre Hundeschule bietet Ihnen sicherlich gezielte, individuell angepasste Hilfe.
Eine gute Übung von Welpenbeinen an ist es, den Tauschhandel zu etablieren. Egal, was der Hund im Maul hat, er wird begeistert als Held gefeiert, gleichzeitig wird ihm aber etwas Höherwertiges angeboten. Das zu erreichende Ziel wäre, dass der Hund die Erfahrung macht: Etwas abzugeben bringt etwas Besseres! Durch den Tauschhandel lernt er also, dass er nicht als der »Dumme« dasteht, sondern etwas davon hat, wenn er seinen Fund bringt und hergibt. Wenn der Tauschhandel funktioniert, hat man im Falle eines Falles zumindest eine Chance.

Unser Hund frisst Kot! Warum tut er das und was können wir dagegen tun?

So gut wie jeder Hund interessiert sich für die diversen Hinterlassenschaften, die es so in der Landschaft zu finden gibt. Der eine schmeißt sich rein und wälzt sich darin herum, der andere frisst genüsslich alles in sich hinein. Eklig finden wir Menschen beides und wollen das, was als Koprophagie bezeichnet wird, auf gar keinen Fall. Für das Kotfressen gibt es verschiedene

Gründe. Aufgrund der Inhaltsstoffe ist Kot für Hunde attraktiv. In knappen Zeiten ist er durchaus eine Nahrungsquelle und sichert Überleben. Hündinnen fressen die Ausscheidungen ihrer Welpen, zumindest so lange, wie sie diese säugt. Ein Schutzmechanismus, der in der Natur die Anwesenheit von Welpen verschleiert und nicht unnütz Beutegreifer anlockt. Es gibt viele Thesen, die das Kotfressen der Wölfe als gern angenommenes Verhalten im Rahmen der Domestikation bewerten, da dadurch die nähere Umgebung der menschlichen Verweilplätze sauber gehalten wurde. Häufig werden Mangelerscheinungen als Grund für Kotfressen angenommen, doch sind die Gründe wesentlich vielschichtiger.
Zwar können Ernährungsumstände (Hunger, Überfütterung, Mangelerscheinungen, Verdauungsprobleme u.a.) eine Rolle spielen, aber auch ungünstige hygienische Bedingungen (zum Beispiel bei Zwingerhunden), Krankheiten und Darmparasiten, Entwicklungszusammenhänge (bei vielen Hunden hört die Passion nach dem ersten Lebensjahr, spätestens nach Ende der Pubertät auf), soziales Empfinden und Selbstbewusstsein, »blöde Angewohnheit« und für den Hund unverständliche Korrektur.
Was kann man tun? Nur aufpassen, aufpassen, aufpassen, solange man mittels Trainings und Erziehung noch nicht sicher sein kann. Jedes eigene Häufchen des Hundes sofort beseitigen, Aufmerksamkeit von fremden Häufchen früh genug ablenken. Vorsicht mit Schimpfen und hektischen Manövern; dadurch werden Häufchen und Co. erst recht interessant, der Hund ist womöglich in der Folge noch erpichter darauf, etwas zu finden, aber gleichzeitig auch sehr darauf bedacht, dass sein Mensch es nicht mitbekommt.

Übrigens: Hunde sind oft begeistert von Pferdeäpfeln, doch sind diese nicht ungefährlich. Wurde den Pferden kurz zuvor ein Wurmmittel verabreicht, können Restbestandteile davon in den Pferdeäpfeln sein und vom Hund aufgenommen werden. Für Hunde mit MDR1-Gendefekt, der bei vielen Hütehundrassen wie Australian Shepherd oder Collie vorkommt, kann das extrem gesundheitsbedenklich sein und im schlimmsten Fall tödlich verlaufen!

Warum reiten Hunde auf, obwohl es nicht um Fortpflanzung geht?

Für viele Hundebesitzer ist es peinlich und unangenehm, wenn ihr Hund auf einen anderen Hund aufreitet und ihn »berammelt«, wie es im Volksmund heißt. Und noch peinlicher wird es, wenn das Bein eines Menschen herhalten muss. Dabei ist dies Verhalten recht häufig, vor allem bei jungen Hunden, und durchaus auch nicht anormal. Die Gründe, warum dieses Verhalten gezeigt wird, sind vielschichtig. Zu bedenken sind hier Unterforderung wie Überforderung, Unsicherheit, Anspannung und Stress, aber auch Gefallen an den dadurch ausgelösten Empfindungen.
Wer sich mit solchem Verhalten seines Hundes konfrontiert sieht, sollte einmal genau dokumentieren, wann, wo, in welchem Zusammenhang, wie lange und in welcher Intensität das Berammeln gezeigt wird. Das kann schon Aufschluss über die mögliche Ursache geben, die dann angegangen werden kann.
Rammeln kann abgebrochen, umgelenkt oder durch ein erlerntes Alternativverhalten unterbrochen werden. Wenn es sich nur auf Objekte bezieht, nicht übersteigert und nur gelegentlich vorkommt, kann es aber auch hingenommen und dem Hund zugestanden werden.

Macht es für den Hund einen Unterschied, ob sich etwas bewegt oder starr ist?

Ja, das macht einen Unterschied. Starre Gegenstände oder auch starr und reglos stehende Lebewesen verschwimmen quasi mit der Umgebung und werden gar nicht oder sehr schwer wahrgenommen. Deshalb muss auch jeder Hundebesitzer etwas vorsichtig sein, wenn er den häufig zu hörenden Tipp, sich doch einfach zu verstecken, wenn der Hund nicht auf ihn achtet, praktiziert. Manch ein Hund ist in heller Aufregung und Panik dann auch schon an seinem reglos kauernden Menschen vorbei und auf eine Straße gerannt. Und wer meint, dass ein Hund seinen Besitzer doch immer und in jeder Situation riechen würde, dem sei gesagt, dass in besonderen Stress- und Beanspruchungssituationen das Hochleistungsorgan Nase eventuell gar nicht mehr auf Ressourcen im Gehirn zurückgreifen kann, weil diese mit der Stressbewältigung der momentanen Situation völlig ausgelastet sind. Wer also Verstecken mit seinem Hund spielt, der sollte zumindest über das Aussenden geringer Bewegungsreize seinem Hund auch eine Chance des Auffindens bieten. Gerade und vor allem, wenn es ein noch sehr junger Hund ist, der leicht zu verunsichern ist.

Übrigens: Die schlechte Erkennbarkeit von starren Objekten und Subjekten machen sich manche Tierarten zunutze. Sie stellen sich tot, um ihren Jägern zu entgehen. Der bekannteste »Schauspieler« hierbei ist das Opossum, das starr auf dem Rücken liegend sogar noch die Zunge aus dem Maul hängen lässt und einen üblen Verwesungsgeruch versprüht. Doch auch viele Insekten, Vögel, Schlangen, Meerschweinchen und Kaninchen nutzen diese als Thanatose bezeichnete Praktik.

Mein Hund soll mich immer und überall hin begleiten. Gibt es Einwände dagegen?

Nicht selten liest oder hört man die Einstellung von Hundebesitzern, dass ihre Hunde sie immer und überall begleiten, was sie als besonderes und inniges Zeichen von Verbundenheit und Liebe definieren. Hierbei ist aber zu beachten, dass dies ganz sicher nicht immer und für jede Hundepersönlichkeit wirklich sinnvoll ist. Unter Umständen erhalten Hunde so im Alltag viel zu wenig Ruhe und kommen kaum in Entspannungsphasen. Durch das ständige Mitnehmen sind sie immer wieder neuen und sich verändernden Reizsituationen ausgesetzt, haben kaum Gelegenheit, sich zurückzuziehen und abzuschalten.

Diese »Mein Hund soll immer und überall mit können« oder auch »Wo mein Hund nicht hin darf, da gehe ich auch nicht hin«-Haltung entspringt meist der Meinung, dass man ja einen Freund oder Partner, in diesem Falle den mit vier Beinen, nicht einfach zurücklassen will, wenn man selbst etwas Schönes erlebt. Das ist aber definitiv etwas zu menschlich gedacht und unterschätzt auch das hundliche Bedürfnis nach Ruhe. Es gibt diese Haltung allerdings auch bei Hundehaltern, deren Hunde das alleine Zurückbleiben gar nicht gelernt haben und Probleme machen, wenn sie nicht mitgenommen werden. Das geht von Winseln und Jaulen über Bellen und Randalieren bis hin zu Zerstörungsanfällen. Hier erfolgt das Mitnehmen dann aus einem Muss, schöngeredet als Wollen, weil entsprechendes Training noch nicht erfolgreich absolviert und abgeschlossen wurde.

Grundsätzlich darf aber wirklich behauptet werden, dass die meisten Hunde durchaus sehr froh sind, wenn sie nach einem ausgiebigen Spaziergang, einem leckeren Essen, womöglich noch einer kuscheligen Streicheleinheit, einfach auch einmal zu Hause, im Hotelzimmer, in der Ferienwohnung, im Wohnmobil oder Camper ein wenig Zeit verschlafen dürfen, während ihre Menschen sich im Kino, beim Sightseeing oder beim Restaurantbesuch vergnügen.

Übrigens: Beobachten Sie doch mal genau Ihren Hund. Sie werden vermutlich feststellen, dass er gern in Ihrer Nähe verweilt und dort auch döst, sich aber zum wirklichen tiefen und erholsamen Schlaf einen ruhigeren Platz etwas abseits sucht. Ein deutliches Indiz dafür, dass Hunde sich gerne selbst separieren, wenn sie Ruhe suchen (und brauchen).

Mein Hund soll immer bei mir sein! Wo er nicht hin darf, gehen wir auch nicht hin! Schließlich liebt man seinen Hund doch, oder?

Bestimmt haben Sie einen menschlichen Partner, Kind/er, Freund oder Freundin oder sonstige mit Ihnen eng verbundene Personen. Sind Sie mit denen 24/7 zusammen, machen alles nur gemeinsam und hocken permanent aufeinander? Sicherlich nicht! Und würden Sie es wollen, so würde Ihr Gegenüber darin keinen Liebesbeweis sehen oder verstärkte Zusammengehörigkeit empfinden, sondern würde sich vermutlich eingeengt, kontrolliert, gegängelt, überwacht, genötigt und »versklavt« fühlen. Aber der Sozialpartner Hund muss immer mit – und das unter dem Deckmäntelchen des Begriffs »Liebe«.

Auch ein Hund hat zeitweilig andere Interessen als sein Mensch. Vor allem hat er ein anderes, für ihn und seine Gesundheit existenzielles Bedürfnis nach Ruhe. Ständig mit »auf Jück« zu gehen bedeutet aber, seltener die Möglichkeit zu haben, ruhig, tief und entspannend zu schlafen. Aber gerade der Schlaf ist so immens wichtig, um Reize verarbeiten zu können und dem Körper Gelegenheit zur Regeneration zu bieten. Das ist ein Umstand, den nicht nur wir Menschen kennen, sondern der auch bei unseren Hunden zu erleben ist. Unruhe, Schreckhaftigkeit, Nervosität insgesamt zeugen oftmals von zu wenig Ruhe im Alltag. Die mangelnde Ruhe führt aber nicht nur zu verminderter bis unmöglicher Reizverarbeitung; sie führt auch zu einer verminderten Immunabwehr und zu Folgebeschwerden, von denen zum Beispiel auch der Magen- und Darmtrakt schnell betroffen ist. Es kann nicht oft genug betont werden, dass Hunde, die ihre Tagesaktivität selbst bestimmen können, maximal 25 bis 30 Minuten pro Tag richtig »Gas geben« – und selbst das verteilt auf mehrere, kleinere Einheiten. Dem stehen aber 16 bis 18 Stunden Schlafen, Dösen und wohliges Nichtstun gegenüber. Der Rest der Zeit verteilt sich eben auf Sozialverhalten, gechilltes durch den Wald schlendern, Nahrungsaufnahme und Sonstiges. Wer also mit seinem Hund tagsüber zum Beispiel einen schönen Ausflug gemacht hat, der muss abends kein schlechtes Gewissen haben, wenn er allein ins Restaurant, in die Oper oder zum Tanztreff geht, ganz im Gegenteil.

Oftmals ist aber die vermeintliche »Liebe« nur ein vorgeschobener und die Realität verschleiernder Grund, den Hund immer am Bändel zu haben. Es wurde versäumt, dem Hund das Alleinsein beizubringen, ihm die mentale Stärke, die Zuversicht und das Vertrauen zu vermitteln, auch ohne seinen Menschen entspannt in vertrauter Umgebung zurückbleiben zu können.

Es darf dann aber nicht das Versäumnis in der Erziehung und der Anleitung des Hundes verwechselt (und entschuldigt) werden mit emotionalen Gründen, die zudem in der Kausalität nicht zutreffen und häufig nur einer menschlichen, dazu egoistischen Fehlinterpretation entspringen.

Warum pöbeln manche Hunde auf der vertrauten Gassistrecke andere Hunde an, in fremder Umgebung aber nicht?

Dieses Verhalten gehört zur Thematik der Territorialität. Hunde verhalten sich auf bekannten, häufig frequentierten und nah am Zuhause liegenden Arealen anders als in ihnen fremden und/oder unwichtigen Regionen (siehe auch: Was bedeutet Territorialität?, Seite 84).

Ich laufe mit meinem Hund am Grundstück meiner Nachbarn vorbei – dort befinden sich zwei Hunde, die meinen Hund wahnsinnig interessieren. Er geht keinen Schritt weiter, bellt, legt sich hin. Was soll ich tun?

Es mag ja sein, dass Ihren Hund die Nachbarshunde interessieren, es sind ja womöglich direkte und gehasste Konkurrenten ums Territorium oder vielleicht beliebte Kumpel oder gegengeschlechtliche Verführer zum Tête-à-Tête. Alles möglich – aber alles unerheblich! Wichtiger ist doch die Frage: Was wollen SIE? Sie möchten Ihres Weges gehen? Nun, dann tun Sie das! Statt direkt am Grundstück entlang zu marschieren, verwenden Sie die andere Straßenseite und machen es allein dadurch Ihrem und allen anderen Hunden leichter, die Ruhe zu bewahren oder zumindest die Reaktion etwas gemäßigter ausfallen zu lassen. Zusätzlich führen Sie Ihren Hund auch auf der anderen Straßenseite reizabgewandt. Sie gehen also zwischen Ihrem Hund und den Kontrahenten auf der anderen Straßenseite. Distanz aufzubauen und einzuhalten ist die erste Maßnahme. Einem Bocken und Widersetzen Ihres Hundes wird nicht stattgegeben. Er hat sich weder zu setzen noch zu legen (und Sie dadurch zur Unterbrechung Ihres Weges zu manipulieren), geschweige denn die anderen Hunde zu fixieren und zu provozieren (durch Blick, Körperhaltung, bloße Anwesenheit in unmittelbarer Nähe). Während eines noch guten und ruhigen

Hunde sind territorial.

Mitgehens Ihres Vierbeiners sprechen Sie freundlich mit ihm und halten Verbindung. Belohnen Sie ihn für braves Verhalten mit sozialer Zuwendung, Futter und weiteren positiven Angeboten, die ihm verdeutlichen, dass das Interesse an Ihnen lohnenswerter ist als das Augenmerk auf die Nachbarshunde zu richten.

Wie reagiere ich, wenn es zu einer Beißerei mit einem anderen Hund kommt? Greife ich ein?

Zu dieser Frage gibt es leider keine pauschale Antwort, zu viele Kriterien spielen eine Rolle. Ist man allein mit den Hunden oder ist ein weiterer Mensch dabei? Wie sind die Größenverhältnisse der Hunde? Handelt es sich um einen ritualisierten, sogenannten Kommentkampf (häufiger unter Hunden, speziell unter Rüden) oder einen ernsthaften Beschädigungskampf (was seltener vorkommt, aber häufiger bei Hündinnen)? Hätte man die Nervenstärke und die körperliche Kraft, um einzugreifen? Nur einige Anmerkungen sollen deshalb hier gemacht werden:
Wenn möglich (gleiche Größe und Masse), dann sollte die Leine fallen gelassen werden, damit sich keiner der Hunde darin verheddert und die Hunde ihr Kommunikationsverhalten freier ausleben können. Außerdem ist die Verbindung zum Menschen gekappt, der Hund nicht auch noch für diesen vermeintlich verantwortlich.
Der pauschale Rat »Die machen es unter sich aus« gilt eben nicht immer. Im Falle von ritualisiertem Kampfverhalten lässt sich bei gleichartigen Hunden (gleiche Größe und gleiche Masseverhältnisse) durchaus oft mehr erreichen, wenn man in entgegengesetzte Richtung weggeht. Ist der eigene Hund aber von vornherein zum Unterliegen verdammt, weil die Verhältnisse zu unterschiedlich sind (Kleinhunde), dann darf er Schutz beim und durch den Besitzer erwarten, und, ja, auch auf den Arm genommen werden. Häufig hilft es, entschieden und deutlich gegen den Angreifer aufzutreten und sich groß machend gegen ihn zu richten. Ein

Utensil, welches ein lautes, unangenehmes Geräusch hervorruft, kann eventuell einen Schreck verursachen, aus welchem heraus der unfreundliche Hund dann doch lieber das Weite sucht.
Diverse Tipps aus Büchern, Fernsehsendungen oder dem Internet, wie man ineinander verbissene Hunde trennt, reichen von Übergießen mit kaltem Wasser (hat man selten auf dem Spaziergang dabei) über Abdrehen von Luft mittels Halsband oder Leine (dazu braucht man zumindest zwei nervenstarke Personen und Kraft und ungefährlich für einen selbst ist es auch nicht) bis zum Einsatz von Pfefferspray (kann im wahrsten Sinne des Wortes nach hinten losgehen und ist immer mit großen Verletzungsrisiken verbunden). Alles nicht ungefährlich!

Übrigens: Auch wenn nach einer massiveren Auseinandersetzung keine großen Wunden zu sehen sind, sollte der Hund sicherheitshalber einem Tierarzt vorgestellt und durchgecheckt werden. Manchmal sind innere Verletzungen entstanden oder der Hund braucht eine Schockbehandlung.

Warum pieseln Hunde übereinander?

Kot und Urin sind nicht einfach »nur« Ausscheidungen. Sie dienen auch der Kommunikation und bieten eine Reihe von Informationen, die für Artgenossen wichtig und aufschlussreich sind. So weiß der nachfolgend Riechende, wer hier seine Marke abgesetzt hat, ob es ein Rüde oder eine Hündin war, groß, klein, fit oder gebrechlich, jung oder alt, selbstbewusst oder eher unsicher bis ängstlich. Chemische Botenstoffe verheißen zum Beispiel das Herannahen einer Läufigkeit bei der Hündin aus dem Nachbarblock oder einen Besuch durch den beliebten Spielkumpel, dem man gern schnell hinterherrennen würde, um eine Runde zu toben. Dann wird vielleicht die entsprechende Antwort daneben gepieselt, um beim einander Verfehlen doch zumindest einen Kommentar hinterlassen zu haben.
Das neben- und übereinander Pieseln am gleichen Ort kann aber auch eine soziale Komponente haben und im Sinne von »Wir gehören zusammen!« erfolgen. Das ist häufig bei Hunden zu sehen, die zusammen in einem Haushalt leben, sich gut kennen und mögen. Eine Reduzierung der Bedeutung von Markier-/Urinierverhalten auf »Dominanz« und »Besitzanspruch« ist nicht korrekt.

Übrigens: Über Kot und Urin werden Pheromone abgegeben, die nicht nur Informationen beinhalten, sondern auch eine beruhigende Wirkung haben. Deshalb ist es durchaus möglich, dass eher unsichere Hunde gern an eigenen Hinterlassenschaften riechen oder diese eben sogar gezielt im eigenen »Bett« (Korb, Decke, Liegefläche) absetzen.

Überpieseln dient sowohl dem Informationsaustausch als auch der Demonstration von sozialer Verbundenheit.

Mein Hund verhält sich ängstlich bei Hundebegegnungen – was mache ich?

Nicht jeder Hund kommt mit anderen Hunden zurecht. Wer wenige bis keine oder auch sehr schlechte Erfahrungen gemacht hat, der schaut Begegnungen mit Skepsis entgegen. Die Reaktionen sind dann sehr unterschiedlich. Grundsätzlich sollte Hunden, die Probleme mit der Begegnung von Artgenossen haben, immer eine Distanz ermöglicht werden. Je größer die Distanz, umso geringer die Motivation zu reagieren. Wie groß diese Distanz sein muss, ist sehr individuell und abhängig von der Ursache des Problems. Über kleine und kleinste Trainingsschritte wird dann an der Distanzverringerung gearbeitet. Ein kompetenter Trainer an der Seite ist hierbei hilfreich.

Übrigens: Den meisten Hunden helfen Distanz und die Abgewandtheit vom Reiz (reizabgewandte Führung in Begegnungssituationen gerade dann, wenn keine größere Distanz möglich ist), um mit derartigen Situationen besser klarzukommen.

Ich habe einen Hund aus dem Tierschutz übernommen: Er ist sehr ängstlich – sowohl im Haus als auch bei Spaziergängen. Was tun?

Es ist nicht ungewöhnlich, dass Tierschutzhunde unsicher bis ängstlich reagieren. Was sie am Anfang am dringendsten brauchen sind klare Strukturen – und Ruhe. Ruhe, Ruhe und noch mal Ruhe. Für sie ist alles noch unbekannt und nicht oder nur wenig vertraut, sie sind mit der Gesamtsituation überfordert. Gern möchte der Hundebesitzer nun der »armen Maus« oder dem »bemitleidenswerten Männlein« den Himmel zu Füßen legen. Doch mit zu viel Aufmerksamkeit, der ständigen helikopterartigen Präsens, dem ununterbrochenen Darbieten von Räumen, Gerüchen, Geräuschen, Objekten, Subjekten, ungewohnten Situationen usw. ist der Migrant hoffnungslos reizüberflutet. Hier können Zeit, Geduld und ein kompetenter Trainer an der Seite die Zukunft rosig(-er) malen!

Mein frisch übernommener Tierheimhund lässt mich nicht mehr in mein Schlafzimmer. Er knurrt. Woran erkenne ich, dass er es ernst meint und mich beißen würde?

So wie der Mensch den Hund noch nicht einschätzen kann nach erst kurzer Zeit des Kennenlernens, so weiß auch der Hund den Menschen noch nicht einzuschätzen. Im guten Willen widmet sich der Mensch aber vermutlich oft (zu oft) dem Hund, redet auf ihn ein und versucht ständig Kontakt aufzunehmen bis hin zum sich Aufdrängen, was den Neuankömmling gnadenlos überfordert. Dass er sich dann gerade das Schlafzimmer als Rückzugsort aussucht, ist nicht weiter verwunderlich. Vermutlich ist dieser Raum kühler, abseits vom Trubel, insgesamt ruhiger, tagsüber nicht frequentiert und dadurch weniger bedrohlich. Wäre dem Hund für die Anfangszeit zum ruhigen Einleben ein vom Trubel abgelegener, nicht frequentierter Bereich, der aber dennoch in der Nacht die Nähe zur neuen Bezugsperson gewährleistet, zur Verfügung gestellt worden, so bestünde das Problem nicht. Hier helfen aufgestellte Gitter zur Begrenzung und eine Hausleine für besseres Management.
Es ist durchaus möglich (und verständlich), dass ein Hund in einer solchen Situation mehr oder weniger massiv ausgeprägtes Abwehrverhalten zeigt, auch die Bereitschaft zuzubeißen. Da aber erst geknurrt wird, agiert der beschriebene Hund durchaus noch sozial kompetent mit angepasstem Kommunikationsverhalten »Lass mich in Ruhe!«. Solange noch kein Vertrauensverhältnis geschaffen wurde, erfolgt die Abweisung aufgrund von Unsicherheit, noch

fehlender Vertrautheit und Skepsis. Wird der Hund nun zu sehr bedrängt und/oder meint der Hundebesitzer, dem Hund in diesem Status quo zeigen zu müssen »wo der Frosch die Locken hat« und wer im Haus der »Chef« ist, wird aus dem Knurren aus Unsicherheit vielleicht eine noch deutlichere Maßnahme aus Selbstschutzaggression heraus. Kennzeichnend für Selbstschutzaggression ist, dass sie mit maximaler Durchschlagskraft eingesetzt wird und der Aggressor beim Vorbringen seiner Attacken keine Ermüdungserscheinungen zeigt. Das Agieren des jeweiligen Tieres wird wesentlich dadurch beeinflusst, welche Vorgeschichte und Vorerfahrungen es in sich trägt. Das Stresshormonsystem steuert die Aktionen und Reaktionen in realen Gefahrensituationen und in als ausweglos empfundenen Lebenslagen. Wichtig hierbei ist auch die Tatsache, dass das Tier durchaus am Erfolg (oder Misserfolg) seiner jeweiligen Handlung lernt und die Modifizierung seiner Verhaltensweisen daran orientiert.

Übrigens: Ritualisierte Verhaltensweisen wie Drohen oder Imponieren scheiden bei der Selbstschutzaggression aus. Ebenfalls interessant und bemerkenswert ist, dass es kaum eine Reduzierung von Selbstschutzaggression durch Gewöhnung gibt. So wird der Angstbeißer auch bei Gewöhnung an bestimmte Situationen mit der gleichen abwehrenden Durchschlagskraft reagieren, wenn es ihm zu viel wird, der Druck und die Anspannung Überhand gewinnen.

Warum schnüffeln Hunde an allem herum?

Hunde orientieren sich durch das Schnüffeln in ihrer Umwelt und holen sich Informationen aller Art ein. Durch das Schnüffeln erfahren sie, wer wann wo war, welches Geschlecht wohin gegangen ist, wie groß, alt, gesund der Artgenosse ist, der vor einer Weile seine Infos hinterlassen hat. Und man hinterlässt natürlich auch seine eigene Visitenkarte und wichtige Kurzmitteilungen an die, die da so kommen. Das kann zum Beispiel sein: »Hey, das hier ist mein Revier!« oder auch »Ich bin die fesche Lola und würde mich bald über Herrenbesuch freuen!«
Schnüffeln ist etwas völlig Normales und extrem Wichtiges für den Hund, deshalb sollte er auch ausreichend Gelegenheit dazu haben. Gerade im heimischen Umfeld wird besonders viel geschnüffelt, denn dort sind die zu erhaltenden Informationen besonders wichtig für den Vierbeiner.
Gezieltes Schnüffeln ist eine artgerechte und beliebte Beschäftigungsmöglichkeit, ob bei der Personensuche, dem Mantrailing, oder der Geruchsdifferenzierung, bei der Auseinandersetzung mit einem Schnüffelrasen oder bei interaktiven Schnüffelgerätschaften. Schnüffeln ist auch bestens geeignet, um Anspannungen abzubauen.

Warum wälzen sich Hunde – auch gern in stinkigen Sachen?

Dieses Verhalten darf als instinktgelenktes Normalverhalten betrachtet werden, auch wenn wir Menschen darüber nicht immer glücklich sind. Eine kommunikative Komponente ist dabei ebenso denkbar wie Taktik, Selbstdarstellung und sonstige Stimuli. Mögliche Erklärungsansätze sind u. A.:

Wälzen »mit Geruch«

- Übertünchen des eigenen Geruchs, Tarnung > Taktik zur Täuschung von Feinden
- Mitteilung an Artgenossen im Sinne von »Riech mal, was ich gefunden habe! Ich weiß, wo es ist, komm mit!« So können Artgenossen auf Futter aufmerksam gemacht werden > kooperatives Verhalten

Hund und Mensch haben eine andere Auffassung von »Ars Vivendi«!

- Großflächiges Hinterlassen eigener Geruchsspuren > Anspruchsverhalten
- Gelegentlich findet man als Erklärungsansatz auch den, dass es eine Strategie aus dem Imponierverhalten ist und eine sexuelle Komponente hat, da bestimmte Körperregionen (Nacken, Hals, Rutenansatz) bevorzugt »einbalsamiert« werden.

Sonstiges Wälzen

- im Körbchen auf dem Rücken > Wohlbehagen
- draußen im Gras > Kratzen, Wohlbehagen
- nach dem Schwimmen > Abtrocknen des Fells auf Hundeart

Übrigens: Manche Hunde wälzen sich auf unebenen, eventuell kratzigen Untergründen gern mit dem Rücken, weil sie sich da nicht kratzen und so einem Juckreiz begegnen können.

Kann ich vorbeugend etwas gegen den Jagdtrieb tun?

Eigentlich »jagt« jeder Hund gerne, nur macht es der eine mehr und der andere weniger. Je nach Rasse/Typ ist genetisch mehr von der Passion verankert und zu erwarten als bei anderen Typen. Das Verfolgen einer Spur oder eines davonspringenden Tieres macht einfach Spaß. Beutefangverhalten ist lustbetont und selbstbelohnend. Es setzt ein Feuerwerk von Endorphinen und sonstigen Glückshormonen frei und lässt unseren Fellkumpel zum »Red-Bull«-Werbeträger werden.
Brachycephalköpfige Hundetypen neigen meistenfalls allerdings weniger zum Jagen.
Über konsequente Erziehung kann die Jagdpassion kontrolliert werden. Hier gilt es bereits ab Jugendentwicklung klare Strukturen und Regeln aufzustellen, denn circa ab dem sechsten Lebensmonat stellt sich die Lust zum Stöbern, Stromern und Hinterherjagen ein. Viele Hunde

arbeiten begeistert im Sinne von erlaubten Jagdaktionen, suchen zum Beispiel konzentriert Fährten ab, verfolgen Geruchsspuren beim Mantrailing, erbeuten einen Futterbeutel oder Ähnliches.
Wehret den Anfängen! Kommt der Hund in der frühen Jugendentwicklung gar nicht erst auf den Geschmack, so ist es im weiteren Verlauf deutlich einfacher, als wenn er sich das Jagen erst mal angewöhnt und die stimulierende Wirkung der Glückshormone im Gehirn verspürt hat.
Auch das ist ein Grund, aus welchem junge Hunde, bei denen der Rückruf noch nicht sicher sitzt (sitzen kann) an die lange Leine gehören.

Warum scharren Hunde nach Vollrichtung ihres Geschäfts?

Das Scharren nach dem Absetzen von Urin oder Kot ist ein völlig normales Kommunikationsverhalten von Hunden, mit dem sie eine Vielzahl von Informationen in die Welt senden. Unter den Hundepfoten befinden sich Duftdrüsen, die bestimmte Geruchsbotenstoffe (Pheromone) abgeben, welche sehr intensiv und lang anhaltend wirken. Mittels des Geruchscocktails von Urin, Kot und diesen Pheromonen geben Hunde Informationen über ihre Persönlichkeit, ihre Fitness, territoriale Ansprüche, Fortpflanzungsabsichten und weitere für sie wichtige Aspekte an Artgenossen weiter.

Hundepfoten übermitteln Botschaften für Artgenossen.

Warum zieht es Hunde bei Hundebegegnungen so häufig zum Artgenossen?

Hierfür gibt es viele Erklärungsmöglichkeiten:

- Der Hund wurde bereits als Welpe dazu animiert und motiviert, doch mal »Guten Tag« zu sagen. Beim Welpen hielt man das für eine gute Idee, damit er sich zu einem freundlichen Hund entwickelt. Zum einen ist das so keine Gesetzmäßigkeit und kann sogar böse in die andere Richtung laufen. Zum anderen weckt und stärkt man das Interesse des Welpen an Artgenossen. Und nur wenige Monate später ist genau dieses Verhalten störend und nervt.
- Der Hund hat gelernt, dass mit Artgenossen interagiert und immer »gespielt« wird.
- Der Hund hat schlechte Erfahrungen gemacht und möchte getreu dem Motto »Angriff ist die beste Verteidigung« nun dafür sorgen, dass er die Oberhand behält.
- Dem Hund wurde nicht, unzureichend oder fehlerhaft vermittelt, dass er mit seinem Menschen geht und mit seiner Aufmerksamkeit bei diesem bleibt, auch wenn Artgenossen entgegenkommen.
- Das Mensch-Hund-Miteinander ist (noch) nicht gefestigt, der Hund vertraut sich (noch) nicht der Führung des Menschen an.
- Der Mensch besitzt zu wenig Führungsqualität und gibt keine Richtung vor.

Muss mein Hund jeden Tag einen neuen Hundefreund treffen und spielen?

Um den Hund sozial freundlich heranwachsen zu lassen und ihn in Bezug auf Artgenossen »gut zu sozialisieren«, werden eventuell vom

Hundebesitzer häufige Kontakte zu verschiedenen Hunden gesucht. Doch manchmal erzielt man dadurch in der Folge genau das Gegenteil und der Hund meidet zunehmend Kontakte und reagiert vielleicht sogar abweisend. Es gilt: Qualität vor Quantität!

Im innerartlichen Sozialspiel kommen die meisten Kriterien, die Spielverhalten kennzeichnen, zum Tragen. Entscheidend beim Sozialspiel sind aber die Kriterien der Vertrautheit und des Vertrauens, der Berechenbarkeit und Vorhersagbarkeit. Nur wer sich vertraut und einschätzen kann, der kann sich auch ganz im Spiel öffnen und fallen lassen. Er muss keine Angst haben, dass ihm etwas passiert oder er aus der Offenbarung eigener Schwächen einen ernsten Nachteil erleiden wird. Allein diese Situation haben wir nicht, wenn zwei oder mehr einander fremde Hunde sich zufällig treffen und dann »miteinander spielen« sollen. Es kann eine Interaktion erfolgen, diese kann sogar positiv sozial ausfallen. Es kann auch eine Hinterherrennerei oder eine wilde Rangelei entstehen, aber alles ist eher ein »sich miteinander beschäftigen« als echtes Spiel. Vergleicht man solche Spontanbegegnungen mit Treffen von langjährigen oder einander gut kennenden Kumpelkonstellationen, dann sieht man deutliche Unterschiede im Miteinander. Auffallenderweise fallen die Spontanbegegnungen meist wesentlich heftiger und rauer aus und münden schneller in länger andauernden Rennsequenzen. Der bei solchen Begegnungen anfallende höhere Stresspegel entlädt sich über vermehrte Aktivität. Und dieser Stresspegel in Kombination mit der körperlichen Aktivität und die dadurch ausgelösten chemischen Reaktionen im Gehirn sind auch mit verantwortlich, wenn solche Begegnungen »plötzlich« umschlagen. Auch wir Menschen gehen mit einer engen Freundin oder dem langjährigen Kumpel ganz anders um, räumen ihr/ihm einen anderen

Lieber einen echten Freund als viele flüchtige Bekanntschaften.

Stellenwert ein als der neuen Bekanntschaft, mag sie auch noch so sympathisch sein!
Und es gibt durchaus auch Einzelgänger bei Hunden, die sich ausgiebig und hingebungsvoll mit einem Blatt, einem Stock, einem sonstigen Objekt beschäftigen können oder auch einfach nur die Gegend beschauen – und dabei gar keine Gesellschaft brauchen.

Wie erkenne ich, ob Hunde miteinander spielen oder ob eine Interaktion womöglich zu eskalieren droht?

Es gibt klar definierte Anzeichen und Kriterien, anhand derer man Spiel erkennen und von anderen Umgangsformen unterscheiden kann. Dennoch herrscht eine große – und teilweise verblüffende bis erschreckende – Unkenntnis in Hundehalterkreisen zu dem, was Spiel ist und zu all dem Sonstigen, was landläufig als Spiel bezeichnet wird.
Es ist wichtig zu verstehen, dass

- nicht jede Interaktion Spiel ist, aber jedes Spiel eine Interaktion ist (mit Subjekt oder Objekt).
- nicht alles, was Spaß macht, Spiel ist, aber Spiel immer Spaß machen sollte.
- nicht alles, was kontrollfrei und regellos vonstattengeht, Spiel ist. Ganz im Gegenteil: Es gibt Regeln im Spiel und die Spielpartner bestehen auch auf das Einhalten dieser Regeln.
- nicht zu jeder Tages- und Nachtzeit, immer und überall, durch jeden und jedes ein Spiel initiiert werden kann, soll, muss – und darf.
- nicht jeder Hund gleichermaßen spielen mag.

Woran erkennt man Spiel?

Im innerartlichen Sozialspiel kommen die meisten Kriterien, die Spielverhalten kennzeichnen, zum Tragen. Die Bewegungsmuster, Mimik und Gestik sind übertrieben, von albern bis grotesk, das viel genannte »Spielgesicht« mit

Spielgesichter sehen vielleicht etwas »gruselig« aus, sind aber dadurch gut als solche zu erkennen.

aufgeblasenen Backen, großen Augen, runden Maulwinkeln und oft etwas »zerknautschtem« Ausdruck ist gut erkennbar. Im Rennen, Rangeln und Raufen liegt eine Ausgewogenheit, Rollen wechseln, mal gewinnt der vorherige Verlierer, mal verliert der vorangegangene Gewinner.
Man beachte daher:

- Spielverhalten findet nur dann statt, wenn keine andere konkurrierende, ernsthafte Anforderung der Lebensbewältigung aktiv ist. Spiel braucht das entspannte Umfeld.
- Wenn ein Hund sich plötzlich im Laufe der Verfolgungsjagd umdreht, seinerseits auf den anderen zusprintet und dieser sich ebenfalls umdreht und davonhechtet, das heißt diese Rollenwechsel zwischen Jäger und Gejagtem regelmäßig stattfinden, dann ist dies ein deutliches Spielkriterium.
- Das Selbsthandicap ist eine freiwillige Beschränkung der eigenen körperlichen oder anderer Leistungsfähigkeit. Der Gejagte lässt sich also scheinbar leicht ermüdet zurückfallen, um kurz bevor der andere ihn erreicht wieder Gas zu geben. Oder man wirft sich freiwillig auf den Boden und kämpft spielerisch aus dieser unterlegenen Position.

Die Spielverbeugung oder Vorderkörpertiefstellung ist ein bekanntes Spielsignal.

- Überschießend temperamentvolle Luxusbewegungen, zum Beispiel das Herumschlenkern aller nur denkbaren Körperteile, ohne dass diese zur schnelleren oder zielgerichteteren Bewegung genutzt werden, sind ebenfalls ein deutliches Merkmal des Spielverhaltens.
- Ein wichtiger Bestandteil des Spielverhaltens ist die spielerische Kommunikation, sei es über Spielgesicht, den Henkelschwanz oder die Spielverbeugung (Vorderkörpertiefstellung) als Spielaufforderung.

Fehlt die Mehrzahl der genannten Kriterien oder zeigt ein Hund klare Merkmale von Überforderung, Unwohlsein, Verunsicherung, Furcht oder Hilflosigkeit, ist es kein Spiel und der Hund muss sofort aus der Interaktion herausgenommen werden. Nein, da muss er nicht durch!

Übrigens: Es gibt auch den »passionierten Hasen«, also denjenigen Spielteilnehmer, der aus eigenem Wollen gern die Rolle des Unterlegenen, des Gejagten, des Erlegten übernimmt und dies so haben mag.

Soll man Hunde immer miteinander spielen lassen?

Warum sollte man es? Es ist viel wichtiger, dass Hunde auch lernen, in Anwesenheit von Artgenossen cool und gelassen zu bleiben, eventuell einfach nur neben ihnen herzugehen oder sie »gruß- und kusslos« zu passieren.
Ob Hunde miteinander Kontakt haben, entscheiden nicht die Hunde, sondern die zugehörigen Menschen. Sind beide Hunde sozialverträglich (das sollte man WISSEN und nicht nur glauben), lässt die Umgebung den Freilauf zu und sind die Hunde auch aus dem Spiel wieder sicher abrufbar (ansonsten auf umzäunte Bereiche ausweichen), dann kann man sie miteinander Kontakt haben lassen – wenn die Menschen das möchten.
Wenn die Hunde sich noch nicht kennen, wird die Interaktion vorerst mehr ein Rennen, Verfolgen, Rempeln sein. Dabei muss darauf geachtet werden, dass alles ausgewogen

Das Selbsthandicap, das heißt sich klein, schwach, unterlegen zeigen, obwohl man es nicht ist, sieht man häufig in der Interaktion zwischen Alt und Jung.

vonstattengeht, typische Spielsignale zu sehen sind und nicht einer jagt, der andere nicht aus der Rolle des »Hasen« herauskommt, obwohl ihm diese Rolle nicht sonderlich gefällt, er sich aber auch nicht entziehen kann. In einem solchen Fall sind die Menschen gefordert, dem »Hasen« beizustehen, den Verfolger zu stoppen und den Kontakt doch besser zu beenden.

Übrigens: Es gibt durchaus auch Hunde, denen die Rolle des Hasen gut gefällt und die Artgenossen immer wieder dazu animieren, ihnen hinterherzulaufen und sie zu fangen oder die absichtlich verlangsamen, um den oder die anderen näherkommen zu lassen – und dann vielleicht wieder richtig Gas geben und ihre Fähigkeiten demonstrieren. Hier muss dann niemand »gerettet« werden, denn das ist wirklich ein Fangenspiel/Jagdspiel. Erwachsene Menschen kennen diese Spieltaktik, wenn sie beim Nachlaufen extra langsam unterwegs sind und sich von Kindern im Fangenspiel abklatschen lassen (siehe auch: Warum ziehen Hunde bei Hundebegegnungen so häufig zum Artgenossen?, Seite 107, Wann kann man Spiel zwischen Hunden zulassen?, Seite 111, Wie erkenne ich, ob Hunde miteinander spielen oder ob eine Interaktion womöglich zu eskalieren droht?, Seite 109).

Wann kann man Spiel zwischen Hunden zulassen?

- Die Hunde passen in Bezug auf Größe, Masse und Alter zueinander.
- Die Hunde haben vergleichbare Spielpräferenzen.
- Die Hunde kennen und mögen sich.
- Einander fremde Hunde sind bekanntermaßen sozial kompetent agierend.
- Die Umgebung lässt einen unbeschwerten Freilauf zu.
- Situation und Rahmenbedingungen sind insgesamt entspannt.
- Alle beteiligten Hunde zeigen deutliche Spielsignale.
- Alle zugehörigen Menschen wollen die Kontaktaufnahme ihrer Hunde gleichermaßen.

Übrigens: Nicht jeder Hund will immer und überall und mit jedem Artgenossen »spielen«. Für manche Hunde sind andere auch ein nicht unerhebliches Konfliktpotenzial!

Kann ich mit meinem Hund Zergelspiele spielen und Bällchen werfen?

Das kann man nicht mit Ja oder Nein beantworten, da es von Hund zu Hund unterschiedlich wirken kann. Daher nur einige Anmerkungen, zuerst zum Zergeln, dann zu Ball und Co.:

- Wüste Zieh- und Zerrspiele lieben die meisten Hunde sehr. Sie »zergeln« auch durchaus untereinander/miteinander, zum Beispiel, wenn einer einen Stock, einen Lappen oder ein Spielzeug hat. Dabei werden Taktiken ausprobiert und verfeinert, das Gegenüber ausgetestet, Körpergefühl und körperliche Fähigkeiten trainiert. Je vertrauter miteinander Hunde sind, um so facettenreicher ist das Zergelspiel.
- Zergelspiele können, sofern sie sinnvoll aufgebaut und durchgeführt werden, durchaus bindungsfördernd wirken und ein gutes Sozial-Objektspiel darstellen.
- Im Zergelspiel sollte auch mal der Hund gewinnen dürfen. Dadurch verliert der Mensch nicht sein Gesicht und es entwickelt sich auch kein »Dominanzproblem« daraus.

Gerade bei »Best Buddies« sind Zergelspiele sehr beliebt!

- Zum Beenden des Zergelspiels empfiehlt sich der Tauschhandel, wenn man das Zergel wegnehmen möchte oder der körpersprachliche Verzicht (umdrehen, weggehen), wenn man das Zergel überlassen will. Durch den Tauschhandel lernt der Hund, dass er nicht als der »Dumme« dasteht, sondern etwas davon hat, wenn er es hergibt. Im weiteren Verlauf des Lernens lässt sich so das »Aus« entwickeln und später als Kommando auch ohne Gegenleistung anwenden.
- Zergelspiele mit Welpen und Junghunden sollten nicht zu heftig sein, da das Gebiss noch in der Entwicklung ist.
- Für Hunde beziehungsweise Hundetypen, die sehr beutemotiviert sind, Beute womöglich vehement beanspruchen und gern massiv verteidigen, sind Zergelspiele ungeeignet und sollten unterlassen werden.
- Bälle und Stöckchen sind sehr beliebt, doch macht es einen Unterschied, ob der Mensch diese Dinge wirft oder der Hund sich damit allein beschäftigt und sie sich selbst hin und her schleudert und verfolgt.
- Gerade geworfene Stöckchen bergen ein großes Gefahrenpotenzial! Sie können geradewegs ins geöffnete Maul fliegen und den Rachenraum massiv verletzen.
- Das wiederholte Werfen von Bällen oder Stöcken kann (!) bei Hunden Suchtverhalten auslösen. Aufgrund der ausgelösten Reaktionen im Gehirn, die allesamt sehr angenehm und erstrebenswert für den Hund sind, manifestiert sich schnell die Gier nach immer mehr.
- Viele Hunde, denen das unkontrollierte Hinterherlaufen hinter Ball und Stock ermöglicht bis antrainiert wird, jagen im weiteren Verlauf auch gern anderen Dingen (Autos, Motorrädern) und auch Lebewesen (Joggern, Skatern, Bikern) hinterher und entwickeln Fehlverhalten. Im Extremfall werden Lichtreflexe an Wänden gejagt.
- Beim Spiel mit einem Ball nie Tennisbälle nehmen! Ihr Belag greift die Hundezähne an.
- Nicht der Ball als solcher ist bedenklich, sondern das Hinterherhetzen lassen und das abrupte Abstoppen. Gefährlich kann es

werden, wenn der Hund den Ball aus der Luft zu fangen versucht (Zerrungen, Stauchungen, bei ungünstigen Größenverhältnissen des Balles ein Verschlucken oder Feststecken im Rachenraum.

Sinnvollere Spielvarianten mit Ball (sehr praktisch ist ein Ball mit Schnur) sind u.a.:

- Der Ball wird »zufällig« gefunden und darf getragen werden.
- Der Ball wird versteckt und darf gesucht und gebracht werden.
- Der Ball wird gekullert, der Hund muss dabei abwarten. Wenn der Ball liegt, wird der Hund zum Ball geschickt und darf ihn holen.
- Mit dem Schnurball wird gezergelt.

Alle sagen: Du musst das oder das mit Deinem Hund machen. Ich habe aber keine Lust auf einen Hundeverein und dessen Angebot. Gibt es Alternativen?

Heutzutage gibt es viele Alternativen zu Angeboten, die früher nur über Hundevereine zu nutzen waren. Sowohl die Erziehung als auch die breite Palette von Beschäftigungsangeboten kann als Einzel-Coaching oder als Kleingruppe zum Beispiel in gewerblich geführten Hundeschulen, aber auch in manchen privat organisierten Treffs gebucht werden. Während gewerblich geführte Hundeschulen bestimmte Qualifikationsmerkmale ihren Behörden gegenüber nachweisen müssen, um überhaupt mit Menschen und ihren Hunden arbeiten zu dürfen, so fehlen derartige Kontrollmechanismen bei privaten Treffen natürlich komplett. Bei Hundevereinen (das können Rassehundevereine sein, aber auch der Zusammenschluss mehrerer Privatpersonen, die einen eingetragenen Verein gegründet haben), erfolgt eine eventuelle Schulung der Ausbilder in der Regel über den jeweiligen Verein. Umfang und Kriterien sind hier sehr unterschiedlich und gelten nicht grundsätzlich als fundiertes Qualitätssiegel für Kompetenz.

Da Hundebesitzer immer in Kontakt kommen zu anderen Hundebesitzern, kann man im Umkreis fragen und nachhören, was andere so tun und wo sie hingehen. Ist dann etwas dabei, was einem selbst mit seinem Hund gefallen würde, kann man sich das einmal anschauen und sich eventuell anschließen. Wenn nicht, dann eben nicht. Niemand muss, aber jeder kann und darf.

Je mehr ich mich mit anderen Hundebesitzern unterhalte, umso unsicherer werde ich. Wie werde ich selbstbewusster in meinem Tun mit meinem Hund?

Selbstbewusstsein im Umgang mit dem eigenen Hund wächst mit der Zeit des Zusammenlebens und mit dem besseren Kennenlernen.

Egal, was Mensch mit Hund unternimmt – es muss beiden Spaß machen.

Am Anfang der Beziehung ist man (noch) unsicher(er) und skeptisch, ob man alles so hinkriegt, wie es sein sollte. Anhand von Erfahrungen – guter wie schlechter – bekommt man zunehmend ein Gespür dafür, was für einen selbst und seinen eigenen Hund passt oder eben nicht. Tipps kann man sich geben lassen, ob sie aber passen und nützen, ist nicht gesagt und kann höchstens ausprobiert werden.

Warum tut mein Hund XYZ nur?

Der Hund tut das, was ihm ermöglicht wird zu tun. Diesen Satz zu bedenken und zu berücksichtigen hilft schon viel, wenn man unerwünschte Verhaltensmaßnahmen des Hundes abändern beziehungsweise gar nicht erst entstehen lassen möchte. Schauen wir uns zur Verdeutlichung nur drei Beispiele an:

Der frei laufende Hund springt begeistert Menschen an oder läuft hinter allem her, was sich bewegt. Wie kann es zu dieser Situation kommen? Der Hund, der ohne Leine läuft, ist nicht mehr zu kontrollieren. Vor allem bei sehr jungen Hunden ist das häufig Thema – und das natürlich gerade dann, wenn ein sicherer Rückruf noch nicht funktioniert, weil er bei den meisten jungen Hunden noch in der Trainingsphase steckt. Änderung der Situation: Eine lange Leine. Über die Leine bleibt der Hund kontrollierbar, der Besitzer kann das selbstständige Zustürmen auf was auch immer leicht unterbinden, der Hund kann sich nicht mehr unerwünscht verhalten.

Der angeleinte Hund springt vor lauter Wiedersehensfreude alle Familienmitglieder, Nachbarn und Bekannte an, wenn man sie auf der Straße trifft. Er macht das auch gerne bei Passanten, die ihn freundlich ansprechen, schließlich ist er ja auch ein freundlicher Hund. Nur ein bisschen ungestüm … Wie kann es zu dieser Situation kommen?

Der angeleinte Hund wird viel zu nah an andere herangeführt. Würde etwas mehr Distanz eingehalten, beim Stehen und Verweilen vielleicht der menschliche Fuß auf die Hundeleine gestellt, sodass der Hund gar nicht mehr hochhüpfen kann, würde es diese Vorkommnisse nicht geben. Der Hund kann sogar ein für ihn lohnenswertes Alternativverhalten lernen. Viele Hunde drehen erst recht auf, wenn sie von Menschen fröhlich und qietschig begrüßt werden getreu dem Motto: »Ja wer bist du denn?« Deshalb ist es ratsam, bei Begegnungen etwas Abstand zu halten und die Menschen sich erst einmal gar nicht um den Hund kümmern zu lassen. Schließlich soll er auch nicht auf die Idee kommen, er stünde immer und überall im Mittelpunkt des Geschehens.

Der Hund hat vom Tisch geklaut, als man selber aus der Küche etwas holen wollte. Wie kann es dazu kommen?
Der Hund hat einfach den Unterschied von »Meins« und »Deins« noch nicht gelernt. Innerhalb von Hundegruppen gilt ein Besitzanspruch als aufgehoben, wenn sich einer von etwas abwendet und geht. Andere dürfen dann beherzt zugreifen! Der Hund fühlte sich deshalb womöglich völlig im Recht, als er sich »opferte« und den Rinderbraten nicht verkommen ließ, der vom Menschen seiner Meinung nach verschmäht wurde. Eine verschlossene Tür oder ein mitgenommener Hund hätte hier für Klarheit gesorgt, solange die Anleitung des Hundes die veränderten Regeln im Mensch-Hund-Miteinander noch nicht vermittelt hat.

RUND UM **ANLEITUNG** UND **ERZIEHUNG**

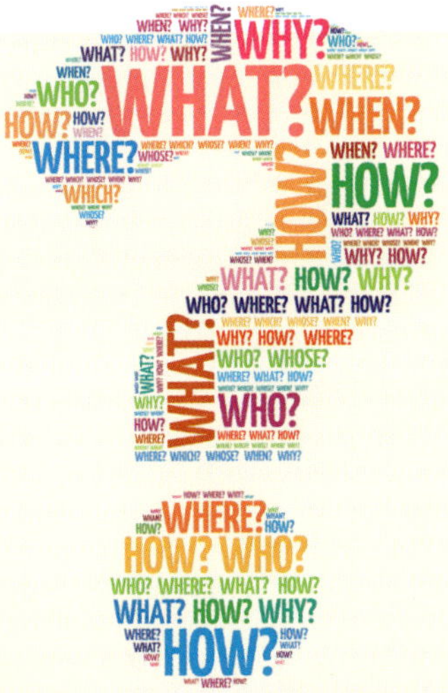

Was ist mit Konsequenz in der Erziehung gemeint?

Konsequenz bedeutet, dass bestimmte Situationen, Anweisungen, Begebenheiten immer auf gleiche Art und Weise ablaufen und der Hund diese Abläufe lernen kann. Dabei ist wichtig zu bedenken, dass Verhaltensweisen beim Welpen von manchen Menschen noch als »niedlich« definiert werden, beim herangewachsenen Hund aber nicht mehr als angenehm empfunden werden. Bestes Beispiel ist das Anspringen. Was heute »nett« ist, das sollte auch morgen noch als »nett« gelten können. Oder: Was morgen nicht erwünscht ist, das ist auch heute bereits nicht erwünscht. Wehret den Anfängen!
Zur Konsequenz gehört auch die Klarheit: Benutzen alle Familienmitglieder die gleichen Kommandos, erleichtert das dem Hund das Lernen sehr. Theoretisch kann er natürlich lernen, dass zum Beispiel bei der Mutter das Sitzen »Sitz« heißt, beim Sohn »Sit« und beim Vater »Hinsetzen«. Empfehlenswert ist es aber, erst konsequent einen Ausdruck zu verwenden, auf den man sich im Familienrat geeinigt hat. Bilingual kommt erst im nächsten Lernschritt. Man muss es ja nicht unnötig kompliziert machen. Das gilt auch für die Körperseite, an welcher der Hund vorrangig gehen soll und die im späteren Verlauf der Erziehung mit der Anweisung »Fuß« gekoppelt wird. Je klarer Regeln aufgestellt und befolgt werden, umso einfacher ist es, sich zu orientieren und im Leben zurechtzufinden. Konsequentes »Ja« und »Nein« helfen dabei besser als interpretationsschwangeres »Jein«.

Wer hat dem Hund etwas zu sagen?

Wenn zwei Personen mit einem Hund unterwegs sind, dann versuchen häufig beide gleichzeitig an dem Hund herumzuerziehen. Manchmal macht es den Anschein, dass sie sich gegenseitig übertrumpfen wollen und zu demonstrieren versuchen, dass bei einem alles viel besser klappt und der Hund viel eher reagiert als beim anderen. Für viele Hunde entsteht dabei leicht ein Feld der Irritation und Überforderung. Wird zum Beispiel der Hund von einem und dem anderen Menschen herangerufen, wobei aber beide voneinander entfernt stehen, befindet sich der Vierbeiner eindeutig in der Bredouille! Wo soll er denn nun hin? Zu dem einen oder zu dem anderen? Letztlich ist es völlig egal, wie er sich entscheidet, es ist theoretisch immer falsch. Hat der eine den Hund an der Leine und der andere versucht den Hund zum »Sitz« oder »Platz« zu bewegen, so kann es auch leicht recht undurchsichtig für den Hund werden. Deshalb sollte man sich vorher einigen, wer den Hund an der Leine hat. Und ausschließlich diese Person sollte dann auch für die Führung und Anleitung zuständig sein. Die andere Person kann ja dem führenden Menschen Tipps geben,

wenn der Austausch gewünscht ist und nach einem Wechsel selber die Führzuständigkeit übernehmen.

Übrigens: Sinnvollerweise sollten alle mit dem Hund in Verbindung stehenden Personen die gleichen Begriffe für Handlungen und Anweisungen nutzen.

Wie schaffe ich es, dass mir mein Hund zuhört?

»Er hört mir einfach nicht zu!« – Wie oft hört man diesen Satz von verzweifelten und entnervten Hundebesitzern. Dabei geht es gar nicht ums Zuhören, sondern ums Gehorchen, was aber ein Verstehen voraussetzt. Und da haben wir eigentlich die Krux bei der Sache: Der Hund versteht nicht, was der Mensch meint. In der Folge reagiert er nicht, wie der Mensch es möchte. Aber wie kann der Mensch sich verständlicher machen? Einige wichtige Aspekte:

- Anweisungen sollten klar und knapp formuliert werden und nicht in einem Redeschwall untergehen. Hören Sie gelegentlich ein Hörbuch? Dann können Sie bestimmt Folgendes nachvollziehen: Ist das Hörbuch spannend und gut strukturiert, hören Sie gern zu und können dem Geschehen folgen. Ist es verworren, wird das Zuhören schwierig, es ermüdet, und Sie müssen vielleicht öfter wieder vorn anfangen, um überhaupt zu verstehen, was und wer beim Erzählten gemeint ist. Oder es wird viel gesprochen, aber wenig gesagt – und so das Ganze langweilig. Sie schalten schnell geistig ab, verlieren sich in eigenen Gedanken oder schlafen ein. Natürlich sollen Sie Ihrem Hund kein Hörbuch erzählen, aber was gesagt wird, sollte klar, verständlich und auch für den Hund interessant und ihn erreichend sein.

- Anweisungen im Sinne eines »Kommandos« sollten nicht zig Mal dem Hund entgegengeworfen werden, sondern nach erst- und einmaligem Äußern gelten. Statt ins Wiederholen zu verfallen, wird der Hund mittels Unterstützung (zum Beispiel durch einen Futterbrocken), aber ohne Druck (kein Herunterdrücken des Pos für ein Sitz oder Herunterziehen an der Leine für ein Platz) in eine gewünschte Position geführt.
- Hat der Hund bestimmte Positionen (Sitz, Platz, Steh) noch gar nicht sicher gelernt, ruft man sie noch nicht ab, sondern führt ihn – positiv besetzt! – in die Position und benennt diese (Führen & Benennen). Auf Einwirkung mittels Druckausübung ist zu verzichten.
- Körper und Wort sollten den gleichen Ausdruck vermitteln. Häufig wird zum Beispiel ein Hund herangerufen, körpersprachlich aber auf Distanz gehalten. Das verwirrt ihn natürlich.
- Beim Üben muss die korrekte Ausführung für den Hund zu Beginn immer lohnenswert sein. Zu einer variablen Bestätigung sollte erst übergegangen werden, wenn die Anweisung auch unter Ablenkung sicher klappt.
- Zu Beginn ist das Übungsumfeld ruhig und reizarm, Ablenkungen werden langsam hinzugenommen und Anforderungen kleinschrittig gesteigert.
- Halten Sie Übungseinheiten kurz und verteilen Sie lieber viele kurze Einheiten über den Tag.
- Bleiben Sie selber ruhig und freundlich bei der Sache. Hatten Sie einen stressigen oder weniger gut verlaufenen Tag, verzichten Sie einfach mal auf eine Übungseinheit und gehen »nur« spazieren mit dem haarigen Freund. Auch mal schön.
- Setzen Sie weder sich noch den Hund unter Druck.
- Beenden Sie eine Übungseinheit immer mit Spaß und Erfolg. das erhält die Motivation.
- Sonderphase Pubertät: Hier ist unter Umständen der Notstand im Hundegehirn ausgebrochen und Lernen und Konzentration zur Zeit deutlich erschwert. Haben Sie Geduld, bewahren Sie die Ruhe, schrauben Sie Anforderungen etwas zurück und verkürzen Sie Trainingseinheiten. Bleiben Sie aber klar und konsequent und positiv im Handeln. Ommmm ...

Übrigens: Neuere Untersuchungen an Hunden im MRT zeigen, dass im Gehirn an gleicher Stelle wie beim Menschen ein Worterkennungszentrum zu liegen scheint. Diese Hirn-Scan-Untersuchungen belegen, dass bei menschlicher Wortsprache eine Region im Großhirn des Hundes aktiv wird, in der bei uns das Wortverständnis liegt.
Wichtig ist, dass der entscheidende Begriff am Ende des Satzes steht. Das gilt für neu zu Lernendes wie für bekannte Anweisungen. Also besser: »Leg Dich an meine Seite ins (kurze Pause und deutliche Aussprache) PLATZ« statt »Du könntest doch hier schön Platz machen und an meiner Seite liegen«.

Grundbefehle – was muss ein Hund beherrschen?

Wirklich wichtig sind im Prinzip nur zwei Anweisungen:
1. Komm zurück zu mir
2. Nein/Lass es

Alles weitere ist »schmückendes Beiwerk« und kann/darf von jedem Hundehalter individuell gewertet, gewichtet und antrainiert werden.

Rückruftraining

Das Zurückkommen zum Menschen auf Zuruf ist die Königsdisziplin! Bedenken Sie, was das für einen Hund bedeutet/bedeuten kann: Er soll alles, was ihm Spaß macht und ihn begeistert, stehen und liegen lassen, um zu Ihnen, seinem Menschen zu kommen! Stellen Sie sich vor, Sie schauen einen spannenden Krimi. Ihr Partner ruft Sie aus dem Nebenzimmer. Sie gehen hin und er erzählt Ihnen, dass nächste Woche im Aldi Dübel im Angebot sind. Sie heucheln vielleicht kurze Begeisterung und gehen schnell zurück zum spannenden Krimi. Da ruft er wieder. Schon unwillig, aber dennoch gehen Sie wieder nach nebenan, wo Ihr Partner Sie bittet, ihm ein Wort zu schenken, weil er sich gerade alleine fühlt. Auch das machen Sie vielleicht, aber schon mit spürbarem Unwillen und grummelig. Ein dritter Ruf – und diesmal sagen Sie sich »Jetzt nicht«, da Sie selber eben mit »Besserem« beschäftigt sind, die Erfahrung gemacht haben, dass im Nebenraum weder besonders Wichtiges noch für Sie Lohnenswertes zu erledigen war. Na? Sehen Sie Parallelen?

Zu Ihnen zu kommen muss alles andere toppen (können). Diese Erfahrung muss der Hund aber eben erst durch immer wiederkehrende und für ihn lohnenswerte Wiederholungen des Ablaufs erlernen können. Tägliches Üben über einen langen bis längeren (und manchmal wirklich langen!) Zeitraum mit wenigen Wiederholungen hintereinander, aber immer wieder eingebaut in Spaziergänge, aber auch geübt in Garten und Haus, ist notwendig.

Übe ich mit einer längeren Leine, so kann ich meinen Rückruf immer durchsetzen, indem ich zum Beispiel rückwärts gehe. Hierbei bleibe ich im Kontakt zum Hund, während dieser auf mich

Den Hund aus einem lustbetonten Rennspiel herausrufen zu können, das ist »Hohe Schule«.

zuläuft. Ich rucke nicht an der Leine, ziehe den Hund auch nicht zu mir heran (somit würde nämlich ICH aktiv, aber der Hund bliebe nur reaktiv), sondern gehe einfach langsam kleinschrittig zurück.

Ist die Leinenlänge aufgebraucht, so verspürt der mit anderen Dingen beschäftigte Hund natürlich den Zug auf der Leine. Ich betone nochmals, dass es nicht um einen Ruck an der Leine geht, sondern lediglich um einen Zug, den Hunde übrigens völlig bedenkenlos selbst auch aufbauen, wenn sie aufgrund mangelnder Leinenführigkeit ihren Menschen durch die Gegend ziehen. Sobald der Hund von sich aus aktiv die Distanz zum Menschen verringert und kommt, muss bestätigt werden (Stimme, Lächeln). Ist der Hund komplett herangekommen, so sollte beim und vom Menschen erst recht das Super-Erfolgs-Goodie spendiert werden.

Sehr wichtig ist die menschliche Körperhaltung/-sprache! Wird sich vorgebeugt, womöglich noch mit einem vorgesetzten Fuß und gerundetem Rücken, wird mit dem Finger auf den Boden vor sich gewiesen, um zu verdeutlichen, wo der Hund hinkommen soll, fühlt der Hund sich eher auf Distanz gehalten, bedroht, unwohl. Seine Art des Herankommens wird nicht offen, freudig und flott sein. Ist der Mensch aber körpersprachlich offen mit geradem Rücken, lächelndem Gesicht und geraden oder geöffneten Schultern, wird der Hund sich eingeladen und willkommen fühlen (können!) > siehe Bilder oben!

Belohnung – Leckerli oder Stimme?

Eine sehr interessante Studie von 2016 belegt, dass die soziale Belohnung (Stimme, Körperkontakt, freundliche Mimik) für einige Hunde einen höheren Stellenwert hat als Futterbelohnungen (Awake Canine fMRI Predicts Dogs' Preference for Praise vs Food, Peter F. Cook, Ashley Prichard, Mark Spivak,Gregory S. Berns, veröffentlicht in Social Cognitive and Affective Neuroscience, Vol. 11, 12/2016, Seiten 1853–1862).

Nutzen Sie diese Erkenntnis. Ihre Stimme, Ihr Lächeln, Ihre zugewandte Herzlichkeit haben Sie immer mit dabei und »am Start«, damit sind Sie einzigartig und unverwechselbar – einfach exklusiv. Käse und Wurst können auch mal zu Hause vergessen, aufgebraucht oder von jedem x-beliebigen angeboten (und angenommen) werden.

Zerrspiele machen Spaß! Für viele Hunde die ultimative Belohnung.

Wie belohne ich richtig?

Zum Belohnen oder Bestätigen gibt es die verschiedensten Möglichkeiten. Welche gewählt wird, hängt vom jeweiligen Hund und seinen Vorlieben ab. Futter ist definitiv nur ein Mittel der Wahl; es gibt sogar durchaus Hunde, die über Futter gar nicht wirklich zu motivieren sind. Für sie stellt Futter daher auch keine Belohnung dar. Eine Belohnung sollte den »Yippie-Yeah-Effekt« beim Hund auslösen können, sonst ist sie nicht der Knaller. Probieren Sie aus, worauf Ihr Hund so richtig »abfährt« und bieten Sie ihm das, wo er gerade im Augenblick so richtig »Bock« drauf hat:

- Vielleicht ein ausgelassenes Zergelspiel?
- Oder seinen Futterbeutel jagen und bringen zu dürfen?
- Vielleicht mit Ihnen in einen ausgelassenen Körperkontakt mit Kuschelfaktor zu treten?
- Vielleicht ihn schwimmen, buddeln, durch Laub oder über eine Wiese rennen zu lassen?

Dem Hund Aufmerksamkeit zu bieten ist immer eine tolle Bestätigung, daran sollte man nicht sparen. Und für Hunde mit Stressproblematiken kann es sogar eine Belohnung sein, wenn einfach »nur« Distanz zum Stressor aufgebaut wird. Belohnungen können gerade zu Beginn von Übungsaufbauten inflationär gegeben, sollten mit der Zeit aber abgebaut werden. Welpen und pubertierende Hunde dürfen grundsätzlich noch mit etwas überreicher Belohnung angeleitet werden. Auch gibt es bestimmte Signale, deren Befolgung immer eine gute Belohnung verheißen sollte. Dazu gehört eindeutig der befolgte Rückruf.

Übrigens: Es gibt schlaue Hunde, die zum Erhalt von einer Belohnung taktisch vorgehen. Haben sie gelernt, dass es für die Ausführung einer Anweisung eine Belohnung gibt,

heben sie eventuell selbstständig die Position auf, um durch eine Korrekturmaßnahme wieder die Futterbestätigung zu bekommen. Oder sie täuschen eine Handlung nur an, um dann die Belohnung zu schnappen und husch, sind sie weg! Deshalb Vorsicht: Hunde wissen genau, was sie wollen und wie sie ans Ziel kommen. Und sie wissen vortrefflich, wo die Schwachstellen ihres Menschen sind und wie sie ihn manipulieren können.

Darf ich meinen Hund für etwas bestrafen?

In jeder Beziehung gibt es Situationen, in welcher der eine etwas tut, was der andere nicht möchte, was seinen Interessen entgegensteht, geltende Regeln bricht oder sogar gänzlich verboten ist. Zwischen uns Menschen erzielt solches Verhalten in der Regel mindestens ein Schimpfen, aber auch Strafe. Auch zwischen Mensch und Hund gibt es Übertretungen diverser Art, doch wird hier ein Schimpfen und Strafen als nicht zielführend abgelehnt. Warum? Weil Hunde es nicht verstehen.
Menschen reagieren impulsiv und werden laut, hektisch und »ruppig«. Der Hund wird dadurch verunsichert, bringt aber diesen menschlichen Vulkanausbruch nicht mit eigenem Fehlverhalten in Zusammenhang.
Sinnvoll ist es, dem Hund Abbruchsignale zu vermitteln. Er sollte lernen, was ein »Aus«, »Lass es« oder ein »Nein« bedeutet und mit Unterlassung seines Tuns reagieren.
Passiert etwas Unerwünschtes in der Abwesenheit des Menschen und wird erst bei dessen Heimkehr entdeckt, ist es eh schon passiert. Was ein Hund aber lernen kann ist, dass ein bestimmtes Verhalten seinerseits eine von ihm ungewollte Reaktion auslöst.
Zieht der Hund an der Leine? Bleiben Sie stehen und rühren sich nicht vom Fleck. Es geht erst weiter, wenn der Hund sich zurücknimmt und wieder mit Ihnen geht. Oder gehen Sie in die andere Richtung und folgen nicht dem Sie durch die Gegend ziehen wollenden Hund.
Der Vierbeiner springt wie ein Flummi an Ihnen hoch und um Sie herum, wenn Sie die Futterschüssel in der Hand haben? Stellen Sie sie einfach wieder auf der Arbeitsplatte oder dem Tisch ab. Setzt der Hund sich hin, kommt die Schüssel wieder näher, steht er wieder auf, entschwindet sie. Erst wenn der Hund ruhig sitzen geblieben ist, landet die Schüssel auf dem Boden und wird zum genüsslichen Mahl freigegeben.
Oder denken wir an das zu wüste Zubeißen bei einem Welpen, dem mit einem schrillen »Au« und dem Entzug von Kontakt durch Weggehen begegnet wird.
Wer Verhalten in gewünschte Bahnen lenkt, Raum zum (Um-)Lernen schafft und auf erwünschtes Agieren fördernd und bestätigend mit positiven Signalen antwortet, der braucht sich um Strafen keine Gedanken zu machen.

Unterbrechen von Verhalten – wie geht das?

Zu diesem Thema sind Hunde die besten Lehrmeister. Sie unterbrechen unangemessenes Verhalten bei Artgenossen sofort, mit korrektem Timing, exakt angepasst, unmissverständlich. Bricht ein Vierbeiner die Regeln des guten Benehmens, so folgt die Korrektur auf dem Fuß. Auch wenn dies häufig schlimm und »böse« aussieht, der korrigiert Werdende womöglich schreit wie am Spieß – schaut man genau hin, so gibt es nicht einmal Berührung, geschweige denn Kontakt mit den Zähnen des Korrigierenden. Es entstehen durch derartige Zurechtweisungen unter Hunden keine Beziehungsprobleme. Es liegt in der Natur des Welpen, Althunden gegenüber Respekt zu zollen. Dem Menschen gegenüber muss respektvolles und demütiges Verhalten erlernt werden. Der Mensch ermöglicht und fördert durch seine Reaktionen das Erlernen.

Der Hund hat ein Ziel. Ist sein gewählter Weg zum Ziel aber kein guter (im Sinne von erwünscht, akzeptabel, vertretbar), muss dem Hund die Chance zum Umlernen gegeben werden. Die Notwendigkeit, ein Verhalten zu verändern, besteht erst dann, wenn die bisherige Vorgehensweise nicht mehr funktioniert und ein Alternativvorgehen ins Verhaltensrepertoire aufgenommen wurde. Was genau kann man tun? Einige Beispiele:

- Sofortige Unterbrechung des Sozialkontaktes mit Abwenden, Weggehen
  > Ziel: Aufmerksamkeit
  > Erfolg: Nichtbeachtung, Kontaktabbruch
  > Resümee: Verhalten nicht lohnenswert
- Die Situationen so gestalten, dass der Hund sich nur im erwünschten Rahmen verhalten kann. Beispiel: Der Hund springt Besucher an. Wird er an eine Hausleine genommen, am Anspringen gehindert und für ruhiges Verbleiben beim Besitzer im Sitz oder Platz

Zwischen Hunden reicht oft schon allein ein einziger Blick.

belohnt und bestätigt, kann er ein Alternativverhalten in der Situation »Besuch kommt« lernen.
- Genaues Beobachten, damit der Hund nicht in Fehlverhalten abgleitet.
- Frühzeitiges Agieren durch vorausschauendes Erfassen.
- Positive Bestätigung, solange erwünschtes Verhalten gezeigt wird, zum Beispiel mittels Clicker oder Markerwort.
- Klares und durch alle Familienmitglieder gleichartiges Handeln.
- Umlenken von Verhalten > Möchte ich, dass mein Hund etwas Beabsichtigtes nicht tut, zum Beispiel einen anderen Hund fixieren, um danach durchzustarten, kann ich auch ein zuvor positiv aufgebautes Signal (Wort, Schnalzer, Knistertüte, Quietschie) einsetzen, um das beabsichtigte Tun zu unterbrechen und umzulenken (zum Beispiel »Guck mal« oder »Schau« beim Hund abrufen, wenn er das gelernt hat). Ist die Aufmerksamkeit des Hundes (wieder) beim Menschen, kann dieser auf diese Aufmerksamkeit aufbauen und dem Hund eine lohnenswerte Alternative zum unterlassenen Fehlverhalten bieten.

In den vergangenen Jahren hat sich die Einstellung zum Hund und seine Anleitung sehr verändert. Starkzwangmittel, Druck und Gewalt sind – völlig zu Recht! – verpönt und teilweise (leider nur teilweise und mit Ausnahmemöglichkeiten) auch durch das Tierschutzgesetz verboten. Würger, Stachelhalsband und Elektroschläge haben in der Anleitung eines Lebewesens nichts zu suchen. Doch gibt es auch fragwürdige Auswüchse in die andere Richtung, bei denen dem Hund nicht einmal ein Nein zugemutet werden darf. Ein Hund braucht Grenzen, wie ein Kind auch. Die Grenzen sollten auch durchgesetzt werden und ihre Überschreitung Konsequenzen haben. Und wie beim menschlichen Nachwuchs auch, verändern Grenzen sich im Laufe eines Lebens, werden den Entwicklungsgegebenheiten angepasst oder gelten als konstante Regel ein Leben lang.

Wie setze ich meinem Hund Grenzen?

Indem immer konsequent und eindeutig (nicht heute Hü und morgen Hott) mit dem Hund interagiert wird. Dabei sollte alles, was der Welpe/Hund gut, richtig, erwünscht anbietet, entsprechend positiv bestätigt werden, beim Welpen gern auch überschwänglich und spendabel. Ein Hund – gerade ein Welpe – muss die ihm gesteckten Grenzen (über die Sie sich in der Familie auch einig sein müssen) erst einmal kennenlernen; er weiß diese nicht »automatisch« und auch nicht »über Nacht«. Doch er lernt sehr schnell, welches von ihm gezeigte Verhalten für ihn positive Konsequenzen hat. Dieses Verhalten zeigt er öfter, weil er häufig in den Vorzug des Positiven kommen möchte. Klare Kommunikation, eindeutige Signale, Beschränkung aufs Wesentliche sind wichtige Eckpfeiler.
Schlägt der Hund dann doch mal über die Grenzen, treibt der Schelm in ihm sein Unwesen und führt zu unerwünschten Verhaltensweisen, so helfen Sie Ihrem Hundeschüler aus der Verhaltensfalle heraus und führen ihn in eine akzeptierte Alternative. Schimpfen, lautes Schreien, womöglich Härte und Druck vermitteln keine zu verinnerlichenden Lerninhalte, verschrecken und verunsichern aber schnell und leicht und belasten die Beziehung.
Je nach Art des Fehlverhaltens und in Abhängigkeit des Alters vom Hund lassen sich »rote Bereiche im Benehmen« (wie Anton Fichtlmeier es in seiner DVD »Der Weg des Vertrauens« bezeichnet) kommentieren mit:
- Ignorieren (Verhalten nicht lohnenswert > wird seltener bis gar nicht mehr gezeigt)
- Nutzung eines erlernten Abbruchsignals
- Umlenkung in ein akzeptables Alternativverhalten

Wie übe ich, dass der Hund sich gut an mir orientiert?

Viele Hunde werden im Alltag von ihren Besitzern »zugetextet«! Komm hierher, Guck da, Lass dies, tu jenes! Und häufig wird diese »Buchstabensuppe« dann auch noch in Situationen serviert, in denen Stimme (als soziale Zuwendung) überhaupt nicht angebracht ist und für den Hund nur den Schluss zulässt: Warum soll ich auf meinen Menschen achten? Brauch ich doch gar nicht, der Mensch achtet doch vortrefflich auf mich!

Es gibt einige Übungen, die die Attraktivität des Menschen erhöhen, das Interesse des Hundes an seinem Zweibeiner und an einer Kooperation mit diesem wecken und verstärken. Dabei muss im Wesentlichen bedacht werden, dass der Hund gerade das gern, bereitwillig und öfter tut, was ihm einen Vorteil bringt. Und so muss auch die Nähe zum Menschen und dessen Beachtung für ihn im weitesten Sinne lohnenswert sein, weil dort soziale Zuwendung erfolgt, weil die Gemeinsamkeit Spaß macht, weil es ein Spiel, ein Leckerli, ein herzliches Miteinander »abzustauben« gibt, weil es dort Sicherheit gibt. Und weil die Trennung voneinander weniger erstrebenswert ist als der Verzicht auf eigenständiges Agieren und das Beharren auf sowie

Durchsetzen von eigenen Interessen. Dabei muss man dem Hund auch helfen, dass er diese Erfahrungen machen kann, zum Beispiel indem man ihn an der langen Leine hat.
Eine Übung mit langer Leine ist zum Beispiel der Richtungswechsel: Der Hund ist an einer längeren Leine, welche im Brustgeschirr eingehakt ist. Der Mensch nennt den Namen des Hundes und signalisiert den Start, geht dann los, egal was der Hund macht. Läuft der Hund vor, wechselt der Mensch die Richtung und geht langsam zurück (ohne Ruck an der Leine, aber langsam zurückgehend, auch wenn der Hund dann über die Leine mitgenommen und kurzzeitig mitgezogen wird). Dabei schaut der Mensch sich nicht um, schielt noch nicht einmal über die Schulter, da die Drehbewegung der Schultern körpersprachlich einen sensiblen Hund am nahen Herankommen hindern könnte. Geht der Hund nach rechts, geht der Mensch nach links, geht der Hund zurück, geht der Mensch voran, immer in die entgegengesetzte Richtung – bis der Hund zum Menschen aufschließt und neben ihm hergeht, womöglich noch mit Blick zum Menschen! Dann – und das ist immens wichtig! – bekommt der Hund soziale Zuwendung, Stimme, Lächeln, Spielzeug, gern auch Futter, wenn ihm das wichtig und begehrenswert ist, und es geht gemeinsam weiter. Läuft der Hund wieder vor > Richtungswechsel usw. Bitte beachten Sie, dass solche Übungseinheiten zeitlich nicht übertrieben werden, denn sie erfordern viel Konzentration von Mensch und Hund. Üben Sie dafür lieber öfter am Tag und denken Sie daran, jede Einheit immer mit einem (selbst wenn nur kleinem) Erfolg zu beenden!
Bei dieser Übung lassen sich auch Signale zum Umkehren oder Anschauen etablieren, so dass mit einem »Zurück« und »Schau« oder Ähnlichem zukünftig gearbeitet werden könnte. Letztlich ist aber das selbstständige Beachten und die nicht eingeforderte, sondern vom Hund angebotene Orientierung am Menschen das Beste.

Übrigens: Den Menschen an lockerer Leine zu begleiten bedeutet in erster Linie, sich in der Nähe des Menschen wohlzufühlen, die Nähe aktiv aufzusuchen und beizubehalten und sich gern dort aufzuhalten!

Was versteht man unter »richtigem Timing«?

Bei der Belohnung, aber auch beim Abbruchsignal, kommt es darauf an, dass der richtige Zeitpunkt getroffen wird, um dem Hund ein Verhalten als positiv oder negativ zu definieren. Schauen wir uns ein Beispiel an:
Der Hund bekommt die Anweisung »Sitz«, auf die er sich auch brav und erwartungsvoll hinsetzt. Der Besitzer kramt in den Taschen, findet sein Belohnungsleckerchen aber nicht sofort. Der Hund steht unterdessen wieder auf. Ah, da ist das Leckerchen doch in der letzten Tasche. Es wird hervorgekramt – und dem nun stehenden Hund gegeben. Das »Sitz« wurde nicht bestätigt, stattdessen hat der Hund »irgendwann« und im Prinzip »für lau« einen

Futterbrocken bekommen. Ganz schlechtes Timing. Aber auch hier sind Reaktion und Timing unglücklich:
Der Hund nimmt einen Pferdeapfel auf. Der Besitzer ruft »Pfui, Aus«! Mit einem Satz zur Seite geht der Hund am Pferdehaufen vorbei, vom Blick des Besitzers verfolgt, aber ohne dass ein (lobender!) Kommentar von diesem kommt. Das Timing hat ja offenbar gepasst, aber eine positive Bestätigung vom Menschen wäre schon gut gewesen. Doch es geht weiter: Der Mensch dreht sich um und setzt den Weg fort. Der Hund aber springt zurück und schnappt sich ein Objekt der Begierde! Er kaut auf dem Pferdeapfel herum, der Mensch bemerkt es und es erfolgt ein weiteres »Aus«. Der Hund geht zum Besitzer und spuckt den – zugegebenermaßen spärlichen Rest – vor die Füße. Der Besitzer schimpft und meckert, weil der Hund den Pferdeapfel doch noch aufgenommen und gefressen hat statt sich zu freuen, dass zumindest ein Teil dann wie geheißen ausgespuckt wurde. Doppelt falsche Reaktion!
Nur wenn exakt und auf den Punkt genau Verhaltensweisen bestätigt werden, speichert der Hund sie als lohnenswert und erfolgversprechend ab. Das Einfangen des exakt richtigen Moments ist für viele Menschen schwierig. Richtiges Timing ist immens wichtig in der Arbeit mit Markersignalen (Worten, Lauten oder diversen Geräuschen wie dem Clicker) als positive Verstärker.

Was ist mit Konditionieren gemeint?

Unterschieden werden muss die klassische Konditionierung, die auf Pawlow zurückgeht, und die darauf aufbauende operante Konditionierung, welche auf Thorndikes und Skinners Forschung basiert und häufig genutzt wird, um

Der Nutzung eines Clickers geht eine Konditionierung voraus.

Tieren etwas beizubringen. Die Kopplung von einem Signal und einem positiven Effekt für das Tier führt dazu, dass das Signal (in der Regel Futter verheißend) Verhalten auslöst und/oder verstärken kann.
Im ersten Schritt stellt der Hund die Verknüpfung her:
Signal > Futter wird zu Signal = Futter. Der Hund erlebt, dass das Signal immer (!) Futter verheißt; das Signal ist ein Versprechen, das nicht gebrochen wird.
Im zweiten Schritt wird ein Verhalten eingebaut, zum Beispiel das Herankommen auf Pfiff. Natürlich muss wieder – wie immer – kleinschrittig geübt werden. Eine lange Leine unterstützt den Erfolg.
Schritt 1: Pfiff > Futter, Pfiff > Futter, Pfiff > Futter wird Pfiff = Futter
Schritt 2: Der Hund ist vielleicht etwas abgelenkt, aber im näheren Umkreis des Menschen. Auf Pfiff wendet er sich dem Menschen zu (weil er ja gelernt hat: Pfiff = Futter!) und kommt zum Menschen, wo er seine Futterbestätigung erhält.
Beim Clickertraining darf der Hund mitdenken: Hat der Hund die Verknüpfung von Click = Futter verstanden, kann er nun überlegen, was er tun muss, um das begehrte Geräusch auszulösen. Beispiel: Sitzen? Nichts passiert. Stehen? Nichts passiert. Drehen? Nichts passiert. Sich kratzen? (Wenn einem nichts einfällt, kommt es eben auch mal zu Übersprungshandlungen.) Aber: Nichts passiert. Hmm, was könnte man denn noch so machen? Keine Ahnung, keine Idee, alles so ermüdend, dann legt man sich einfach mal hin! Und Click! Och, was war das? Der Click! Hurra! Aber was wurde getan dafür? Das Ausprobieren geht von vorne los, wird aber sehr schnell zielgerichteter – Hund ist ja nicht dumm. Ein Signal ruft eine Verhaltensweise hervor (Pfiff als Rückruf) oder – wie beim Clickertraining – bestätigt und verstärkt ein Verhalten (Signal hat die Bedeutung »richtig und gut gemacht!«).

Übrigens: Viele Züchter setzen die Hundepfeife bereits bei ihren Welpen ein und pfeifen, wenn sie den Kleinen Futter hinstellen, was bei Welpen ja noch häufiger über den Tag verteilt geschieht. Sind die Welpen dann im Abgabealter und ziehen um, ist das Kommen auf den Pfeifenton hin schon gut etabliert und kann von den Besitzern weiter optimiert werden. Eine tolle, einfach zu erreichende und so sinnvolle Basis.

Halsband oder Geschirr?

Die Frage, ob ein Hund am Halsband oder am Geschirr geführt wird, mutiert zur Glaubensfrage. Letztlich muss und darf das jeder Hundebesitzer selber entscheiden, was er möchte und wie es ihm beliebt. Wichtig ist, dass ein Geschirr gut sitzt (!), den Hund nicht in seinen Bewegungsabläufen behindert oder einengt und insgesamt für den Träger auch bequem ist. Hierbei gibt es durchaus einiges zu beachten und nicht jeder »Kauf von der Stange« und nicht jedes günstige Sonderangebot ist für jeden Hund empfehlenswert, ein hoher Preis aber auch keine Passgarantie. Dennoch muss es natürlich für einen Welpen kein Geschirr zu 50 € sein, aus welchem er nach drei Monaten herausgewachsen ist. Es gibt in den sozialen Netzwerken einige sinnvolle Gruppen, in welchen man qualitativ gute Geschirre gebraucht günstig kaufen kann. Gerade bei Welpen ist ein gepflegtes Secondhand-Geschirr keine schlechte Maßnahme.
Beim Halsband muss auf eine angemessene Breite geachtet werden, da zu schmale oder runde Halsbänder vielleicht chic aussehen, aber punktuellen Druck ausüben können, was für den Träger höchst unangenehm (bis gefährlich) sein kann. Bei kurzhaarigen Hunden geht das An- und Abschnallen eines Halsbandes schnell, bei langhaarigen nervt das häufig, weil ständig

Haare dazwischen sind. Für langhaarige Hunde sind deshalb oft Begrenzungshalsbänder, auch Zugstopphalsbänder genannt, geeigneter. Sie werden einfach im geschlossenen Zustand über den Kopf gezogen und ziehen sich bis zu einem bestimmten Punkt am Hals enger, würgen aber nicht.
Vollwürgehalsbänder oder auf Zug gestellte Ketten sind nach dem Tierschutzgesetz (zum Glück!) verboten, ebenso Stachelhalsbänder und Elektroreizhalsbänder. Dennoch gibt es solche Dinge noch zu kaufen, teilweise unter dem Begriff »Erziehungshalsband« – unfassbar, aber wahr. Es gibt ein paar allgemeine Anmerkungen und Tipps:

- Für Welpen eignen sich Geschirre gut, da ein Welpe noch nicht gelernt haben kann, »ordentlich« an der Leine zu gehen. Außerdem hat man beim Geschirr tragenden Welpen eine gute Zugriffsmöglichkeit durch das Fassen ins oder ans Geschirr.
- Bei Junghunden ist eine Ausstattung mit Geschirr UND Halsband eine gute Möglichkeit, mit Signalen zu arbeiten. Ist die Leine am Geschirr eingehakt, darf geschnüffelt werden, innerhalb des Leinenradius eigenständig rumgewuselt oder auch mal »unschön« gelaufen werden. (Es gibt einfach die Situationen, wo man von Punkt A nach Punkt B muss und keine Zeit für erzieherische

Für Welpen und noch nicht gut leinenführige Hunde sind Brustgeschirre gut geeignet, doch müssen (!) sie gut sitzen und passen. Das Geschirr auf dem Foto erfüllt diese Kriterien nicht: Es erscheint zu groß, vor allem aber schränkt es die natürliche Bewegungsfreiheit der Vorderläufe und der Schultern ein, was zu gesundheitlichen Folgeschäden führen kann. Statt diesem einem Norwegergeschirr nachempfundenen Schnitt eignen sich sogenannte Y-Geschirre besser.

Spezielle Sicherheitsgeschirre haben zwei Bauchgurte und sichern dadurch zuverlässiger.

Maßnahmen hat, auch wenn es anders sein sollte.) Ist die Leine aber am Halsband eingeklickt, wird IMMER auf ein gesittetes, ruhiges und entspanntes Laufen an lockerer Leine geachtet und Wert gelegt. Keine Ausnahme!

- Eine längere Leine muss immer an ein Geschirr eingehängt werden, damit es keine zu starke Einwirkung auf den Hundenacken gibt, sollte der Hund doch mal in die Leine reinlaufen.
- Für Seniorenhunde ist häufig ein Geschirr besser geeignet. Sie kann man dadurch leichter unterstützen, wenn es Treppen hinauf oder hinab geht oder halten und helfen, wenn der Hund über die Rampe ins Auto einsteigt.
- Bei bestimmten Aufgaben und Arbeitseinsätzen ist ein Hund immer im Geschirr, teilweise in extra für die Arbeit speziell aufgebauten. Dies betrifft zum Beispiel alle Formen des Ziehens. Auch bei vielen Sucharbeiten geht ein Hund im Geschirr.

Übrigens: Aus einem Halsband kann sich mancher Hund schnell(-er) herauswinden, doch schaffen Spezialisten dies auch aus einem Geschirr. Für Extremfälle, zum Beispiel manche Kandidaten aus dem Tierschutz, gibt es spezielle Sicherheitsgeschirre mit zwei Bauchgurten.

Und noch eine grundsätzliche Bemerkung: Gerade bei großwüchsigen, kräftigen jugendlichen Hunden, die noch im Leinenführigkeitstraining sind, ist ein Brustgeschirr allein häufig unpraktisch und ungeeignet, wenn der Hund nah beim und mit dem Menschen laufen soll. Auf den Fotos links ist zu sehen, dass der am Halsband befestigte Hund näher am menschlichen Körper ist, die Befestigung am Brustgeschirr allein den halben Körper nach vorne bringt. Aus dieser Position ist der Hund dann schnell und leicht komplett vor dem Menschen, der Mensch muss mehr Kraft aufbringen, um den Hund zu halten (Physik > Hebelgesetz). Probieren Sie die sogenannte Doppelführung einmal aus. Dabei wird der Hund mit Halsband UND Geschirr ausgestattet und die Leine an beidem befestigt. Bei Führung über das Halsband wird IMMER auf lockeres Begleiten geachtet, am Geschirr darf auch mal gezogen werden.

Mein Hund bleibt nicht alleine, was tun?

Im Mensch-Hund-Miteinander muss der Hund lernen, auch einmal allein zu bleiben. Und das beginnt man am sinnvollsten gleich von Anfang an zu üben. Lässt man erst eine Weile verstreichen, in welcher nur um den Hund herumgewuselt wird und er eine 24/7-Betreuung erfährt, wird es für ihn schwerer, unverständlicher und protestwürdiger. Das ist eben nicht mehr »normal«, wenn es zuvor nie so war! Das Thema »Alleinbleiben« betrifft auch nicht nur das Verlassen des Hauses von Einem und das Zurückbleiben dort vom Anderen. Es beginnt bereits mit dem Aushalten von Distanz, zum Beispiel, wenn Einer sich in dem einen Raum, der Andere in einem anderen aufhält. Und das mit und ohne Sichtkontakt, zum Beispiel mal mittels Kindergitter im Türrahmen, mal aufgrund geschlossener Tür. Dabei kann die Distanz in der Lernphase »versüßt« werden durch einen

Kauartikel, eine Leckmatte, einen gefüllten Kong oder Ähnliches. Klappt das gut, kann die Wohnung oder das Haus kommentarlos verlassen werden, um alsbald ebenso kommentarlos wieder hereinzukommen. Klappt auch das, kann (wenn es Mensch und Hund guttut!) auch ein Weggeh-Ritual eingebaut werden, zum Beispiel ein immer wiederkehrender Satz wie »Ich geh, Du wartest« oder was gefällt. Vielen Hunden helfen solche Rituale, wenn sie die Erfahrung machen können, dass es einen guten Verlauf ankündigt > Mensch geht zwar weg, Hund ist allein (anfangs eben sehr kurz) – aber Mensch kommt wieder!
Ein Hundehalter, dessen vierbeiniges Familienmitglied unter massiven Trennungsproblemen leidet, sollte Hilfe bei einem erfahrenen Hundetrainer suchen!

Vielleicht kann ein Spielzeugkumpel Gesellschaft leisten.

Ab wann übe ich mit meinem Hund das Alleinbleiben?

Häufig wird unter »Alleinbleiben« nur verstanden, dass man das Haus verlässt und sich über einen längeren Zeitraum entfernt, während der Andere allein zurückbleibt. Alleinbleiben beginnt aber eigentlich bereits damit, dass das Gegenüber zuerst zu akzeptieren und zu »überleben« lernt, nicht immer und überall ungeteilte Aufmerksamkeit zu genießen. Und das übt man bereits mit einem Welpen von Anfang an. Man bewegt sich innerhalb des Hauses in verschiedenen Zimmern, schließt auch dabei hinter sich Türen (anfangs nur kurz, um wirklich komplett aus dem Sichtfeld zu verschwinden, dann ist man aber auch umgehend wieder da), geht in verschiedene Etagen und – wenn die Möglichkeit dazu besteht – verlässt den Raum oder das Haus durch die eine Tür, um dann durch eine andere wieder hineinzukommen. All das, ohne großes Aufheben darum zu machen, es ist eben normal!
Manchmal ist die Einführung eines klaren Rituals auch hilfreich (jeder Hund reagiert anders!): Beim Verlassen des Hauses sagt man stets denselben Wortlaut (zum Beispiel »Komme gleich wieder«), gibt ein besonders gutes

Bei massiven Trennungsproblemen muss ein Hundetrainer oder Verhaltensberater kontaktiert werden.

Kauleckerchen, überreicht ein Alleinbleib-Spielzeug, das es nur in Abwesenheit des Besitzers gibt und welches bei der Heimkehr wieder weggenommen wird, und geht hinaus. Die Zeitspanne des Wegbleibens wird in individuell angepassten Schritten erhöht, hier gibt es keine pauschale Empfehlung. Wichtig ist, dass der Hund, bevor er eine Unsicherheits-, Angst-, Trotz- oder Wut- oder sonstige Protestreaktion an den Tag legt die Erfahrung macht, dass sein Mensch wiedergekommen ist.

Was ist eine Hausleine und wie benutzt man sie?

Eine Hausleine ist eine dünne, leichte Leine, die einfach nur mittels Karabiner befestigt wird und keine Handschlaufe hat. Idealerweise wird sie an einem leichten, einfachen Hausgeschirr befestigt. Sie dient dazu, den Hund besser kontrollieren zu können, ohne immer wieder direkt nach dem Hund greifen zu müssen, den Hund auch aus einer Distanz heraus erreichbar werden zu lassen. Die Hausleine sollte eine solche Länge haben, dass sie ein Stück hinter dem Hund herschleift, wenn er sich bewegt, aber nicht so lang sein, dass er sich damit ständig verheddert, wenn er zum Beispiel um einen Stuhl oder Tisch geht. Mit der Hausleine kann dem Hund, vor allem dem jungen, aber auch älteren Hund, der neu in eine Familie kommt und die dortigen Gepflogenheiten noch nicht kennt, die jeweils erwünschte Verhaltensweise leichter, vor allem aber mit wesentlich mehr Ruhe nahegebracht werden. Und von Ruhe und Klarheit profitieren alle Beteiligten gleichermaßen!

Mit der Hausleine lässt sich

- eigenständiges Agieren unterbinden,
- Radius beschränken,
- der Hund aus ungünstigen Situationen herausnehmen und kurzzeitig auch einmal fixieren, wenn die Situation dieses erfordert.

Denken wir zum Beispiel an das Klingeln an der

Haustür, auf welches viele Hunde gern erwartungsvoll losstürmen. Einen mit Leine versehenen Sprinter kann ich durchaus leichter stoppen, aus seinem Vorhaben herausnehmen, an den Ort bringen, an den ich ihn gerne hätte (das kann eine Decke oder nach erfolgtem Training eine offene Box sein), um dann allein und ungestört die Tür öffnen zu können.

Was ist eine Schleppleine?

Eine Schleppleine schleppt der Hund hinter sich her und gewährleistet so die Zugriffs- und Einwirkmöglichkeit, auch wenn er außerhalb der Reichweite des Armes vom Menschen ist. Sie wird mittels Karabiner am Brustgeschirr des Hundes befestigt, hat weder Handschlaufe noch Knoten (damit der Hund nicht hängenbleiben kann, wenn er mit der Schleppleine doch mal versehentlich durchs Unterholz stromert) und eine variierende Länge von durchschnittlich 7–10 Metern (manchmal auch länger, was sich oft als unpraktisch erweist). Eine Schleppleine simuliert den Freilauf und ist bestens geeignet, um Distanztraining mit dem Hund zu machen. Im weiteren Verlauf des Trainings sollte sie durch kleinschrittiges Verkürzen über die gesamte Zeit der Jugendentwicklung peu à peu abgebaut werden, statt sie von heute auf morgen komplett wegzunehmen. Hunde sind klug und würden das Fehlen der Leine sofort bemerken, was bei noch unsicherem Trainingsstand fatal sein kann! Eine Schleppleine ist für Hunde jeden Alters sinnvoll.

Was ist eine Arbeitsleine?

Eine Arbeitsleine ist eine angenehme, leichte, etwas dickere, gut in der Hand liegende Leine von mehreren Metern (optimal sind je nach

Gerade junge Hunde sollten sich nicht im unkontrollierten Freilauf verselbständigen (können!), sondern mit Schleppleine laufen.

Hundetyp 3–5 Meter). Sie haben nur einen Karabiner, mit dem sie an einem Geschirr befestigt werden, und eine Handschlaufe. Die Arbeitsleine dient dem Distanztraining, eignet sich für gezielte Rückrufübungen, aber auch zur Verdeutlichung von erlaubtem Radius. Eine Verringerung der Lauflänge erfolgt durch Drauftreten mit dem Fuß. Eine Arbeitsleine ist für Hunde jeden Alters sinnvoll.

Ist eine Roll-/Flexileine für Hunde empfehlenswert?

Beliebt, vor allem bei Kleinhundebesitzern, sind Ausziehleinen, auch Roll- oder Flexileinen genannt. Der Mensch hält einen Plastikkasten in der Hand, aus welchem sich etliche Meter einer sehr dünnen Leine (für große, kräftige Hunde gibt es das Prinzip auch mit breiteren Gurtleinen) ausrollen, wenn der Hund nach vorne zieht. Der Lerneffekt für den Hund ist fatal, da er sich selbstbelohnend beibringt, an der Leine zu ziehen und mehr Radius zu bekommen. Er gewöhnt sich also an den Zug am Geschirr, den er ausübt, wenn er nach vorne strebt, dieser wird normal. Diesen Zug legt der Vierbeiner dann gern auch an den Tag, wenn er »eigentlich gesittet« an einer normalen Führleine laufen soll.
Auch können diese Leinen recht gefährlich werden: Zieht der Mensch sich die dünne Leine durch die Hand, weil er reflexartig reingreift, während der Hund nach vorne schießt, gibt es unter Umständen sehr schmerzhafte Verletzungen. Verliert der Mensch den Kasten aus der Hand, fällt dieser polternd auf den Boden und zieht sich selber gen Hund, der sich erschrecken und davonlaufen kann. Das Szenario verschärft sich dann womöglich noch, weil er den polternden Kasten weiter hinter sich herzieht! Man könnte theoretisch die Rollleine auch in einer bestimmten Länge feststellen, sodass sie nicht mehr vom Hund ausgezogen werden kann, sich aber auch nicht mehr selbständig einrollt. Doch wer macht das in der Praxis schon? Deutlich empfehlenswerter und praktischer sind starre Arbeits- oder Schleppleinen. Wenn Hunde bereits gut leinenführig sind, kann eine Rollleine genutzt werden, wenn man das unbedingt möchte. Für noch untrainierte, nicht leinenführige, aber auch für eher impulsive Hunde sind sie ungeeignet.

Ist eine Hundebox sinnvoll?

Wenn sie für den Transport eines Hundes im Auto gedacht ist, dann uneingeschränkt ja. Sie sollte nur groß genug sein, damit der Hund noch stehen, sitzen oder bequem liegen kann, und stabil. Sie sollte solide im Auto stehen oder befestigt sein, damit der Hund durch ein Hin- und Herrutschen der Box nicht verunsichert wird. Empfehlenswert ist eine Box mit einem sogenannten Notausstieg, also einer zweiten Tür oder Klappe an einer anderen Seite der Box, sodass im Falle eines Falles (zum Beispiel Auffahrunfall) noch eine Möglichkeit besteht, an den Hund zu kommen und ihn aus der Box zu holen. Alternativ kann man auch mittels Schutzgittern und Gittertüren den gesamten Kofferraum zur »Box« umfunktionieren, was dem Hund wesentlich mehr Platz bietet.
Wer seinen Hund in einer geschlossenen (!) Box unterbringen und halten möchte, der muss wissen, dass dies nach der Tierschutzhundeverordnung verboten ist! Obwohl viele Züchter, Aussteller, Hundetrainer u.A. die Hundebox gern und häufig empfehlen, muss zumindest darauf hingewiesen werden, dass das Tierschutzgesetz mit seiner Tierschutzhundeverordnung ganz klar definiert, welche Grundfläche mindestens (!) für einen Hund zur Verfügung stehen muss (6–10 qm je nach Größe des Hundes), wenn Bewegungsradius eingeschränkt wird (TierSchHuV § 6 Absatz 2 Satz 1). Eine Box erfüllt diese Größenvorgabe in der Regel nicht und darf daher geschlossen zur Unterbringung nur dann genutzt werden, wenn ein Transport, eine

tierärztliche Behandlung oder eine Versuchstierhaltung (Labor) der Grund ist. Eine offenstehende (!) Box in der Wohnung, die der Hund als »Höhle« nutzt, ist natürlich gesetzlich möglich.

Ignorieren von Verhalten – ist das der richtige Weg?

Ignorieren eines Verhaltens, welches man beim Hund nicht haben möchte, kann (!) durchaus ein sinnvoller Weg sein. Allerdings muss man dazu immer das Alter des Hundes, die Art und Weise, die Umstände und die Ausprägung des Verhaltens im Blick haben. Wenn die Situation es ermöglicht, den Hund mit seinem Verhalten einfach »abblitzen« zu lassen, ihm keinerlei Beachtung zu schenken und ihn somit auch nicht im Verhalten durch Aufmerksamkeit zu bestätigen und zu bestärken, dann ist Ignorieren eine gute Maßnahme, um eine Verhaltensweise für den Hund als nicht zielführend zu definieren.

In der Folge wird er sie zukünftig weniger bis gar nicht mehr zeigen. Und »Ignorieren« bedeutet wirklich KEIN Wort, KEIN Blick, KEINE Geste oder sonst was!
Beim Welpen kommt man damit über viele Klippen des (Fehl-)Verhaltens. Und auch beim älteren Hund, der gerade erst neu in die Familie kommt, zeigt das Wirkung. Hat der Hund mit dem, was er tut, keinen Erfolg, wird dies Verhalten für den Hund sinnlos! Unter Hunden kommt ein Ignorieren häufig vor – und wird auch durchaus verstanden. Eine gute Möglichkeit, sich einmal im Ignorieren zu üben ist, wenn der Vierbeiner mächtig nervt, den Teddy anschleppt, einem den Kopf in den Schoß legt, die Hände ableckt und alles tut, um Beachtung zu bekommen! Das Ignorieren klärt dann unmissverständlich: »Jetzt nicht!«. Hatte der Hund früher schon oft Erfolg mit seinem Verhalten, wird er jetzt vermutlich massiver. Hat doch sonst geklappt, klappt jetzt nicht? Dann ist der Mensch begriffsstutzig geworden und Hund muss einen draufsetzen, meint er! Also gilt es für den Menschen durchzuhalten. Steht der Hund aber noch am Anfang mit seinem Austesten, was wann wie für ihn möglich ist, zeigt Ignorieren von unerwünschten Verhaltensweisen schneller Erfolg.
ABER: Natürlich kann und darf ich keinem Jogger erzählen, dass ich meinen Hund mit seinem Verhalten ignoriere, damit dieser es als nicht lohnenswert empfindet, wenn Fluffy sich gerade in des Läufers Wade verbissen hat! Maßnahme und Situation müssen schon immer zusammenpassen! Und wo ein Verhalten selbstbelohnend ist, wird es durch Ignorieren nicht beeinflusst (das Gegenteil ist wahrscheinlicher!).

Wo kann, muss, soll ich üben?

Das ganze Leben und das gesamte Alltagsumfeld ist der Übungsraum – für Menschen wie für Hunde! Wer denkt, sein Hund lernt alles und das

in stabiler Kontinuität, nur weil man regelmäßig 1-mal/Woche in die Hundeschule geht (und selbst wenn man 2-mal oder 3-mal gehen würde, würde es nicht klappen!), der irrt ebenso wie Eltern, die der Meinung sind, das gesamte Rüstzeug für das Leben erhalten Kinder durch regelmäßigen Schulbesuch, aber mehr braucht es nicht. Allerdings stellt sich auch die Frage, wie man »üben« definiert. Das Aufstellen und Einhalten von Grenzen, das Etablieren von Regeln und Routinen, das Senden und Empfangen von Signalen, erfolgt zu jeder Zeit und an jedem Ort des Miteinanders. Auch das sind Übungen im weitesten Sinne!
Wichtig(er) ist zu beachten, dass Verhaltensweisen – sowohl allgemeiner Art als auch als Reaktion auf eine Anweisung/ein Kommando – natürlich immer (!) zuerst der Festigung in einem vertrauten, reizarmen Umfeld bedürfen! Beispiel: Wer möchte, dass sein Hund am Wochenmarktstand ruhig in der Sitzposition neben einem verweilt, obwohl rundum Gerüche, Geräusche, Bewegungen und sonstige Reize sind, der muss dies ruhige Verweilen zuerst in der eigenen ruhigen Wohnung, dann im Garten ohne Ablenkung, im weiteren Verlauf mit kleinen und zunehmenden Ablenkungen und Verleitungen üben, bevor es in einer extremen Situation erwartet werden kann.
Wer möchte, dass sein freilaufender Hund freudig und zügig zurückkommt, wenn man ruft, der muss das freudige und zügige Zurückkommen zuerst sicher etablieren. Kommt der Hund auf Zuruf schon nicht im eigenen Garten, dann definitiv auch nicht, wenn er im Park mit Artgenossen tollt oder dem Jogger hinterher sprintet – und hat deshalb noch die Sicherung durch eine Leine nötig!

Kann ich mit einem angeleinten Hund üben?

Warum nicht? Man kann nicht nur, vieles ist sogar sinnvoll, mit angeleintem Hund zu üben, damit man ihn unterstützt und in erwünschtes Verhalten führt, statt ihn in unerwünschtes Verhalten abgleiten zu lassen. Beispiel Rückruf: Übe ich mit einer längeren Leine, so kann ich meinen Rückruf immer (!) durchsetzen, indem ich zum Beispiel rückwärts (ich bleibe im Kontakt zum Hund, wenn ich rückwärtsgehe und der Hund somit auf mich zuläuft!) gehe. Hierbei rucke ich nicht an der Leine, ziehe den Hund auch nicht zu mir ran, sondern gehe einfach langsam kleinschrittig zurück.
Ist die Leinenlänge aufgebraucht, so verspürt der mit anderen Dingen beschäftigte Hund natürlich den Zug auf der Leine (und ich betone nochmals, dass es nicht um einen Ruck an der Leine geht, sondern lediglich um einen Zug, den Hunde übrigens völlig bedenkenlos selbst auch aufbauen, wenn sie aufgrund mangelnder Leinenführigkeit ihren Menschen durch die Gegend ziehen!). Sobald der Hund von sich aus aktiv die Distanz zum Menschen verringert und kommt, muss bestätigt (Stimme, Lächeln) werden! Ist der Hund komplett herangekommen, so darf beim und vom Menschen erst recht das Erfolgs-Goodie spendiert werden!
Aber auch viele (fast alle) gängigen Anweisungen wie Sitz, Platz, Bleib, Steh können problemlos mit angeleintem Hund geübt werden. Und ist die Leine doch einmal zu unhandlich, störend, unpraktisch, so kann sie ja auch mal fallengelassen werden. Zur Sicherung des Hundes stellt man sich einfach darauf! Oder man nutzt eine Canicrossleine, die an einem Bauchgurt befestigt ist.

Mein Hund bettelt am Tisch, wie kann ich das verhindern?

Grundsätzlich sollten Hunde niemals vom Tisch direkt gefüttert werden, dieses erhöht natürlich das Interesse, sich nah an den Tisch zu setzen, wenn die Familie sich zum Essen dort trifft. Sind kleine Kinder mit im Haushalt, womöglich Kinder die gefüttert werden oder

Wer selber gut beschäftigt ist, hat weniger Interesse am Betteln!

denen auch etwas herunterfällt, so ist auch das ein guter Grund für den Hund, sich während der Mahlzeiten rund um den Tisch aufzuhalten. Ob dann beim Tisch lauernd abgewartet, die Familie zu hypnotisieren versucht, telekinetische Fähigkeiten ausprobiert oder aktiv durch be- und aufdrängeln gebettelt wird, ist abhängig von den gemachten Erfahrungen und der jeweiligen Hundepersönlichkeit. Will man hier also unerwünschten Verhaltensweisen vorbeugen, so muss man in erster Linie sein eigenes Verhalten und die familiären Gegebenheiten im Blick haben. Kann ich den Hund während der Mahlzeiten (noch) nicht vom Tisch wegschicken, so kann ich auch hier durchaus wieder mit der Hausleine arbeiten und ihn etwas abseits auf seiner Decke fixieren oder unter Zuhilfenahme eines Kindertürgitters aus dem Esszimmer verbannen. Lernt er das von klein auf und erhält in diesen Situationen zum Beispiel einen gefüllten Kong oder eine Leckmatte, so dass er alternativ auch einen Vorteil in der Situation hat, so wird er sich relativ schnell und bereitwillig damit abfinden, dass er eben nicht mit beim Tisch sitzt, wenn die Familie speist.

Ist es sinnvoll, dem Hund zwischendurch immer wieder die Futterschüssel beim Fressen wegzunehmen, dann aber wiederzugeben, damit er keine Futteraggression entwickelt?

Eindeutig: Nein! Es ist sogar kontraproduktiv. Was lernt der Hund? Ich bekomme Futter, muss dann aber höllisch aufpassen, weil es mir vielleicht wieder weggenommen wird.
Das führt zu

- Stress (ungesund beim Essen!),
- Argwohn und Misstrauen in der Situation (es wird ja nur auf den Moment der Futterwegnahme gelauert),

- womöglich erst recht zu abwehrendem/abweisendem Verhalten gegen den Menschen, der in der Nähe steht oder herankommt (wenn der kommt, beansprucht der meine Ressource!),
- hektischem Schlingen (auch ungesund, aber was im Magen ist, kann nicht weggenommen werden).

Die häufig vorkommende Fehleinschätzung der Bedeutung von Nahrungsaufnahme- und Rangordnungsverhalten, insbesondere bei Welpen und Junghunden, bildet oft die Basis falscher Ratschläge und bedenklicher Trainingsmethoden (Futter nur für Gegenleistung, Futter nur aus Apportiertäschchen, Futter nur nach menschlicher Nahrungsaufnahme, bei welcher der Hund zugucken muss usw.). Angeblich verschafft man sich damit Achtung und Respekt! Im Gegenteil! Untersuchungen an einer Vielzahl von Hunde-, Wolf- und anderen Canidengruppen haben den Zusammenhang zwischen Rangordnung und Futterzuteilung massivst ins Schwanken gebracht bzw. deutlich gezeigt, dass dies nur in Zeiten von sehr starkem Nahrungsmangel Bedeutung hat.

Die Sicherheit in Form von Ruhe und einem Ungestörtsein bei der Nahrungsaufnahme ist immens wichtig. Wo und wie der Ort der Fütterung ist, bleibt den jeweiligen Gegebenheiten und dem menschlichen Gestaltungs- und Einrichtungsgeschmack überlassen. Dass er aber ungestört sein muss, das gehört zum Grundbedarf an Sicherheit.

Übrigens: In einer Zeit von durchgeknallten Hundehassern, Giftköderstreuern und ähnlichen unangenehmen Zeitgenossen ist es durchaus wichtig, dem Hund gefundenes Futter wegnehmen zu können. Dies muss aber als kooperative Übung (zum Beispiel über Tauschen) einstudiert werden und darf nicht als Dominanzübung nach dem Motto: »Du musst Deinem Hund jederzeit das Futter wegnehmen können, um Deine Dominanz über ihn zu bezeugen« ausgeübt und mit Druck durchgeführt werden. Gerade in solchen Situationen passieren nämlich sonst sehr oft Beißunfälle im häuslichen Umfeld – und leider häufig mit Kindern.

Ab wann übe ich mit meinem Hund unter Ablenkung?

Sobald der Hund OHNE Ablenkung etwas gut und zuverlässig beherrscht! Erst dann wird die Ablenkung langsam (!) gesteigert. Das gilt für indoor (wenn zum Beispiel im Alleinsein mit dem Hund etwas bereits gut ausgeführt wird, nun aber Besuch im Haus ist), erst recht aber für outdoor.

Warum bellt mein Hund am Zaun jeden Passanten an? Was kann ich dagegen tun?

Hunde sind territorial, je nach Hundetyp und Persönlichkeit mehr oder weniger ausgeprägt. Hunde mit größerer Wach- und Schutzambition neigen zum Verbellen jeglicher Fremdpersonen, die sich dem eigenen Grundstück nähern. Sie beschützen ihr Grundstück und ihre Familie samt Hab und Gut. Bei vorbeigehenden Passanten erleben sie dabei auch vermeintliche Erfolge, denn die verbellte Person geht ja weiter bzw. weg (Postboteneffekt!).

Wer dies Verhalten seines Hundes nicht haben möchte, der sollte ihn nicht in diese Situation bringen! Man nimmt dem Hund die Möglichkeit, bis an den Zaun zu laufen, indem man zum Beispiel einen Zwischenzaun, eventuell sogar mit Sichtschutz, montiert, den Hund zur zaunabgewandten Hausseite in den Garten lässt oder gänzlich auf das sich selbst überlassene Verweilen des Hundes im Garten verzichtet.

Gerade in der frühen Jugendentwicklung ist es kontraproduktiv, wenn der Hund unkontrolliert und unbeaufsichtigt im Garten herumagiert und sich dabei Verhaltensweisen aneignet, die so nicht gewünscht sind. Das geht von Löcher buddeln über Pflanzen beknabbern bis eben hin zur Entwicklung von – manchmal sehr anhaltendem und ausgeprägtem – Bellverhalten.
Dass die jungen Hunde sehr extrem reagieren (können) liegt oft darin begründet, dass sie mit der »Aufgabe: Wachen und Schützen« gnadenlos überfordert sind, weil noch viel zu jung, unerfahren und psychisch instabil.
Ein gutes Training ist, den goldenen Mittelweg zu üben: Der Hund darf anschlagen, wird dafür sogar bestätigt, doch übernimmt dann der Mensch die Kontrolle über den weiteren Verlauf der Situation und der Hund nimmt sich zurück. Beispiel: Ein Spaziergänger geht am Grundstück vorbei, der Hund meldet, der Mensch kommt dazu und nimmt den Hund zu sich (hält ihn fest, lässt ihn sitzen oder schickt ihn auf einen bestimmten Platz, wie man es möchte und üben kann), lobt und bestätigt, grüßt den Passanten, Hund verhält sich ruhig. Natürlich muss das kleinschrittig aufgebaut werden und funktioniert nicht auf Knopfdruck und über Nacht (siehe auch: Was bedeutet Territorialität?, Seite 84).

Wann macht es Sinn, den Hund im Garten an der langen Leine zu halten?

Den Hund mit einer längeren »Hausleine« oder Schleppleine im Garten laufen zu lassen macht immer dann Sinn, wenn der Hund sehr eigenständiges Verhalten an den Tag legt und nicht (mehr) zuverlässig für den Menschen ansprechbar ist. Durch die Leine bietet sich immer eine

Gerade bei jungen Hunden ist das Sichern und Anleiten über eine lange Leine sinnvoll.

Zugriffsmöglichkeit auf den Hund, ohne dass man direkt zu ihm hingehen muss. Reagiert er auf Zuruf zum Beispiel überhaupt nicht, so kann man vor dem Rufen des Hundenamens erstmal das hintere Leinenende in die Hand nehmen, den Hund dann ansprechen und bei Nichtbeachtung durch den Vierbeiner langsam, aber kontinuierlich rückwärtsgehen. Auch weiter rückwärtsgehen, wenn die Leine straff wird, weil das Hundetier sich widersetzt und mit arg Wichtigem beschäftigt ist. Dreht der Hund sich um und läuft auf den Menschen zu, dann ist »Party« und der Hund wird ausgiebig bestätigt. So lernt er, dass der Mensch auch über eine gewisse Distanz Einfluss nehmen kann und das Reagieren auf ihn lohnenswert ist.

Immer wieder wird mir gesagt, dass ich an der Leine nicht gegenziehen soll. Was mache ich, wenn mein junger Hund an der Leine zu etwas Interessantem hinmöchte?

Man soll nicht an der Leine reißen und rucken, das hat aber nichts mit ziehen zu tun. Wenn der Hund selbständig Zug auf die Leine bringt, weil er unbedingt zum Pferdeapfel, zum verschütteten Eis, zur Nachbarhündin oder wohin auch immer möchte, kann ich nicht einfach hinterher, nur weil irgendjemand meint, man dürfe seinen Hund nicht ziehen. In einem solchen Fall kann ich entweder stehenbleiben, meinen Hund ansprechen und umzuorientieren versuchen, um ihn in dem Fall, dass es klappt, näher zu mir zu nehmen. Nun lässt sich die Leine kürzer fassen, um das ursprüngliche Objekt der Begierde mit Abstand und im leichten Bogen zu umrunden.

Oder ich gehe in die entgegengesetzte Richtung (ohne Ruck, aber beim Widersetzen des Hundes durchaus mit Zug auf der Leine), spreche ihn an und versuche, ihn umzuorientieren. Holt der Hund auf und geht wieder auf meiner Höhe mit, wird er bestätigt. Nun kann das ursprüngliche Objekt der Begierde mit Abstand und eventuell im leichten Bogen umrundet werden. Nicht vergessen zu versuchen, die Aufmerksamkeit des Hundes bei sich zu behalten bzw. das Schenken von Aufmerksamkeit zu bestätigen, damit sie nicht wieder auf das ursprüngliche Ziel abdriftet.

Sobald ich unsicher werde bei einer Hundebegegnung, nehme ich meinen kleinen Hund hoch. Ich möchte nicht, dass ihm etwas passiert. Wie kann ich es vielleicht besser machen?

Statt einen kleinen Hund immer nur auf den Arm zu nehmen, kann man vielleicht Distanz zum entgegenkommenden Reiz aufbauen und somit viel Brisanz aus einer Situation herausnehmen. Auch hilft die reizabgewandte Führung (Mensch ist zwischen eigenem Hund und Reiz), um Begegnungen nicht ganz so bedrohlich wirken zu lassen bzw. die Aufmerksamkeit der Hunde zueinander zu verringern.
Sicherlich ist das ausschließliche Hochheben des Hundes keine sinnvolle Maßnahme. Um selber mehr Sicherheit zu bekommen und alternative Handlungsmöglichkeiten zu üben, ist die Zusammenarbeit mit einem kompetenten Hundetrainer anzuraten.
Doch gibt es durchaus auch Situationen, in denen das Hochheben – in diesen Fällen dann als Herausnehmen aus der eventuell misslichen Lage – durchaus legitim und sogar sinnvoll sein kann. Denken wir zum Beispiel an das Herannahen eines fremden, stürmischen Hundes, dem der kleine gar nicht gewachsen wäre. Oder auch eine extreme Enge und Hektik, in welcher ein Verletzungsrisiko gegeben wäre. Durch das zeitweilige und kurze (!) Hochheben kann man sich Zeit verschaffen, um in solche Situationen Ruhe zu bringen. Aus dieser Ruhe heraus kann der Hund wieder abgesetzt und mit der Situation in Kontakt gebracht werden (zum Beispiel durch kontrollierte und vorsichtige Kontaktaufnahme gemeinsam mit dem Menschen zu einem freundlichen Artgenossen oder durch ein Verweilen zwischen den schützenden Beinen des Menschen in engen, bedrohlichen, verunsichernden Konstellationen).
Und im Winter bei extremer Nässe und/oder Kälte, der ein kleinwüchsiger Hund mit kurzen Beinen natürlich wesentlich stärker ausgesetzt ist als ein Artgenosse mit langen, hohen Beinen und einem deutlich größeren Abstand zwischen Körper und Boden, ist das Hochheben auf den Arm unter Umständen eine gesundheitliche Notwendigkeit, wenn man zum Beispiel irgendwo warten muss.

Kleinhundebesitzer haben – verständlicherweise und durchaus berechtigt – andere Sorgen als Besitzer großwüchsiger Vierbeiner.

Mein Hund lässt sich nicht vom Sofa schicken und knurrt, was mache ich?

In einem solchen Fall sollte dem Hund das Verweilen auf dem Sofa nicht gestattet sein. Gleichzeitig muss aber gesagt werden, dass bei solchem Verhalten es sicherlich noch weitere Baustellen im Mensch-Hund-Miteinander gibt, die mit einem kompetenten Trainer gemeinsam angeschaut werden sollten. Und wie kriegt man den Hund nun vom Sofa runter? Nun, besser nicht, indem durch den Versuch, nach ihm zu greifen und ihn herunterzuziehen, die Situation weiter angeheizt wird! Man könnte zum Beispiel von außerhalb des Zimmers nach ihm rufen, ihn beim Herankommen anleinen und kurz mit ihm nach draußen gehen. Und, nein, man verliert keinen Zacken aus der Krone, wenn man sich in der Situation nicht »durchsetzt«! Eher im Gegenteil. Kommt man wieder herein, wird die Tür zum Sofazimmer geschlossen.

- Für die nächste Zeit trägt der Hund eine Leine im Haus, mit welcher man ihn stoppen kann, wenn er Richtung Sofa geht und das »Weg da« noch nicht gelernt hat.
- Hat es doch einen unbeobachteten Moment gegeben, den er ausgenutzt hat, wird er mittels der Leine (und somit mit Distanz zum Menschen!) und einem donnernden »Runter!« vom Sofa gezogen.
- Leere PET-Flaschen, dünne Plastikrohre, Knisterfolie o.Ä., was versteckt unter einem Betttuch auf dem Sofa liegt, kann (!) bei etwas feinfühligeren Kandidaten dazu führen, dass sie sich auf dem Untergrund nicht wohlfühlen und das Sofa negativ besetzt und zukünftig gemieden wird.
- Wenn es Standort und Gewicht des Sofas zulassen, kann man auch von hinten das Sofa kippen und den Hund so vom Sofa mit klarem »Runter!« verscheuchen.

Mein Hund rennt sofort zu anderen Hunden hin und möchte mit ihnen spielen. Er lässt sich nicht abrufen, was soll ich tun?

Die Antwort ist ganz einfach: Den Hund an der Leine lassen, bis ein Rückruf sicher klappt! Selbst der noch so freundliche Hund hat nicht unkontrolliert gemäß »Der tut nix, der will nur spielen« durch die Gegend zu sprinten. Es ist die Aufgabe des Hundebesitzers, seinem Hund hier Einhalt zu gebieten, ihm den Rückruf beizubringen und die Kontrolle auszuüben. Das geht manchmal nur über eine (längere) Leine. Manche Hundebesitzer sehen diese Notwendigkeit nicht ein, weil »ihr Schatz« doch »sooo lieb« ist und »nichts tut«. Aber vielleicht tut der andere Hund etwas? Vielleicht ist der andere Hund alt, krank, gebrechlich? Oder eine Hündin ist läufig? Oder ein Tierschutzhund hat überhaupt keine Erfahrung mit anderen Hunden und ist unsicher bis ängstlich und wird durch solch stürmische Kontaktaufdrängung regelrecht traumatisiert.

Manche Hunde sind von Begegnungen – egal, ob mit Artgenosse oder mit dem Menschen – extrem begeistert! Das stößt aber nicht immer auf Gegenliebe.

Übrigens: Zwei Sätze, die meine Kunden gut von mir kennen:
1. Der Hund tut das, was wir ihm ermöglichen zu tun!
2. Man sollte die Situationen und Gegebenheiten so gestalten, dass der Hund sich nur zu fast 100 % erwünscht verhalten kann.

Mein Hund ist ein Leinen-Pöbler – was tun?

Das wichtigste Element hierbei ist, die Ursache für das Pöbeln exakt zu analysieren! Je nach Ursache müssen dann entsprechende Maßnahmen ergriffen werden. Von Distanzaufbau über reizabgewandtes (!) Agieren mit Kommandoausführung (Guck, Schau, Sitz, Platz) oder Alternativaufgaben (zum Beispiel Tricks) bis hin zu Ablenkungsspielen (zum Beispiel Such- und Schnüffelaktionen, das Zehn-Leckerchen-Spiel oder das Counting-Game) und »Nettfüttern« (Hund bekommt bei Sichtung des Artgenossen Futterstück um Futterstück), aber auch Verbesserung der Führungsqualitäten des Menschen, ist vieles denkbar und möglich. Was die richtige Vorgehensweise sein könnte, sollte im Einzeltraining – am besten Videografie gestützt! – in Kooperation mit einem Hundetrainer angegangen werden. Unstrukturiertes Herumdoktern nach Internet- oder Social-Media-Anleitung bringt selten bis nie Erfolg, stattdessen verschlimmert sich die Situation eher!

Mein Hund bellt, wenn es klingelt, und drängelt zur Tür, um zu sehen, wer da kommt. Ist das okay?

Die meisten Hunde schlagen an und melden, wenn sich vor der Haustür etwas tut. Das ist auch nicht weiter verwunderlich, denn Hunde sind von Natur aus territorial veranlagt und verkünden ihre Anwesenheit, ihren Anspruch und auch ihre Verteidigungsbereitschaft gern

und laut. Und natürlich gibt es auch die Beweggründe »Endlich was los, hurra!« oder »Jeder Besuch streichelt mich, knuddelt mich und hat für mich was in der Tasche – lasst ihn rein!«. Ausschlaggebend für das Verhalten an der Tür sind die Hundepersönlichkeit und die bislang gemachten Erfahrungen. Was folgt auf dieses Dingdong? Ist es Hektik, Aufregung, Unruhe? Oder womöglich Unsicherheit, Genervtsein oder Unbehagen beim Menschen, was der Hund verspürt, aber nicht mit sich und seinem Tun, sondern mit dem Besuch in Verbindung bringt?
Wer einen flott zur Decke gehenden Hund haben möchte, wenn die Türklingel ertönt, der kann genau das im Sinne einer Konditionierung mit ihm üben:
Dingdong, Hund zur Decke führen und zum Beispiel einen (guten!) Futterbrocken drauf ablegen – auflösen (Aufhebekommando bzw. Freigabe).
Im zweiten Schritt die Verweildauer des Hundes auf der Decke erhöhen, evtl. gesichert durch das Fixieren mit einer Leine:
Dingdong, Hund zur Decke führen und zum Beispiel einen (guten!) Futterbrocken drauf ablegen, Anweisung »Bleib« mit Sicherung – auflösen (Aufhebekommando bzw. Freigabe).
Das Bleib wird nicht einer Position zugewiesen, denn das Bleib lässt sich leicht durchsetzen durch die Leine (somit kann der Hund sich nur korrekt verhalten und für dies korrekte Verhalten auch bestätigt werden!), ein Sitz-Bleib oder Platz-Bleib aber nicht.
Die einzelnen Schritte immer und immer wieder über den Tag verteilt und über eine längere Zeit üben, aber noch ohne jedes Mal die Tür zu öffnen (das Dingdong über Nachbarn oder Familienmitglieder ausführen lassen oder auch als Geräusch aufnehmen und abspielen). Tritt die »echte« Situation ein und man muss an die Tür, wird der Hund mit gleichem Ritual auf seinen Platz geführt und dort gesichert, so dass man in Ruhe – und allein! – an der Tür regeln kann, was zu regeln ist.

Es macht den Alltag deutlich einfacher, wenn der Hund gelernt hat, die Kontrolle über ein Rein und Raus an der Tür dem Menschen zu überlassen. Machen Sie für sich klar, was Sie an Verhalten von Ihrem Hund in der Situation möchten! Und zu solchem Verhalten führen Sie ihn bzw. schaffen Sie die Grundlage, statt über Fehlverhalten, sei es die überschwängliche Begeisterung oder das abweisende bis aggressive Kommentieren und Agieren, zu schimpfen und die Nerven zu verlieren. Es gilt mein alter Grundsatz: Der Hund tut das, was der Mensch ihm ermöglicht zu tun! Deshalb muss auch hier für den Hund die Situation wieder so gestaltet werden, dass er sich nur korrekt verhalten kann.

Mein Hund springt alle Menschen an, wie reagiere ich?

Eigentlich ist diese Frage sehr einfach zu beantworten mit: »Indem Sie verhindern, dass er dieses tun kann!« Gerade bei jungen Hunden hört man diesen Seufzer des Besitzers sehr häufig. Fragt man nach, wie es zu diesen Situationen kommt, hört man eigentlich fast immer, dass der Hund eben so begeistert von allen Menschen ist, dass er freudestrahlend darauf zu rennt und im weiteren Verlauf dann eben auch gerne anspringt. Daher passt auch in dieser Situation der Merksatz: Der Hund tut das, was der Mensch ihm ermöglicht zu tun!
Woher soll denn der (hauptsächlich junge, aber es gibt auch ältere »Spring- und Tanzmäuse«) Hund wissen, dass seine stürmische Begrüßung nicht immer, überall und von jedem begeistert angenommen wird. Weiter muss bedacht werden, dass oft – und dies gilt besonders bei der Begegnung mit Welpen! – das Anspringen des Hundes oder das auf die Hinterbeinchen stellen und die Vorderbeine gegen den Menschen stemmen beachtet und in der Regel für den Hund sehr angenehm beantwortet wird! Mit: »Ist er nicht niedlich, ist er süß?!« wird er gestreichelt, bekommt Aufmerksamkeit, womög-

lich auch noch Leckerbissen zugesteckt. Er zeigt also ein für ihn durchaus lohnenswertes Verhalten – und warum sollte er dieses in der Folge irgendwann freiwillig einstellen? Ganz im Gegenteil, in seinen Augen macht es durchaus Sinn, wenn er sein Verhalten sogar noch verstärkt.

Doch spätestens ab Junghundalter und definitiv dann, wenn der Hund vorher durch Schlamm und Matsch gelaufen ist, findet eine stürmische Begrüßung mit Pfotenkontakt niemand mehr lustig. Und deshalb sollte bereits von Welpenbeinen an dem Hund beigebracht werden, dass eine Begrüßung auf vier Pfoten stehend erfolgt und ein Anspringen nicht erwünscht ist.

Ist der Hund an der Leine, so lässt sich das selbstständige Hinlaufen zu anderen leicht verhindern. Neigt er zum Anspringen und hat noch nicht gelernt, dass dieses Verhalten unerwünscht ist, so macht es eben Sinn, dass sein Besitzer ihn nicht immer wieder in dieses Fehlverhalten laufen lässt, sondern durch das Ausüben von Kontrolle, sinnvollerweise durch Nutzung einer leichten Leine, dem Hund das erwünschte Verhalten in dieser Situation vermittelt. Streicheln, Spiel, Ansprache, Anlächeln, alles, was für den Hund positiv ist, sollte er von klein auf und konsequent immer nur (!) dann erhalten, wenn er mit seinen vier Pfoten auf dem Boden steht. Dabei muss auch bedacht werden, dass ein: »Nein, Aus, Pfui, Lass das!« ebenfalls sozialer Kontakt ist, den der Hund durchaus als für ihn lohnenswert bewerten kann! Und damit laufen Intention und Ergebnis diametral auseinander.

Es ist auch nicht Aufgabe des Hundebesitzers, seine Besucher oder entgegenkommende Passanten zu instruieren, wie sie sich dem Hund gegenüber zu verhalten hätten! Es ist einzig und allein Aufgabe des Hundehalters, seinem Hund die Alltagsbenimmregeln ruhig, verständlich, konsequent beizubringen. Und solange das nicht erfolgt ist, hat er dafür Sorge zu tragen, dass durch unerwünschtes Verhalten des Hundes andere nicht belästigt, beeinträchtigt oder gefährdet werden.

Übrigens: In vielen Bundesländern definiert das jeweilige Hundegesetz einen Hund u.A. dann als gefährlich, wenn dieser einen Menschen in gefahrdrohender Weise angesprungen hat. Springt ein noch so freundlich ambitionierter Hund eines mittleren oder größeren Kalibers ein kleines Kind oder einen etwas unsicher auf den Beinen stehenden Senior an und bringt eine Person zu Fall, dann ist auch das sehr gefährlich. Und selbst hektisch wuselnde Bewegungsabläufe von kleinen Hunden sind nicht ohne Risiko. Ein Vorfall kann durchaus für den Hund und dessen Besitzer und die weitere Hundehaltung böse Folgen haben!

Erhalten Hunde für das Anspringen des Menschen Aufmerksamkeit, werden sie das Verhalten immer öfter und vehementer ausführen!

Tierheim- und Tierschutzhunde stellen ihre Menschen oft vor besondere Anforderungen.

Unser Hund aus dem Tierheim hat Angst vor Männern. Was können wir tun?

Tierschutzhunde haben es oft mit Männern schwerer als mit Frauen. Gerade was das Einfangen und ins Tierheim überstellen, aber oft auch die ärztliche Versorgung betrifft, sind gerade in süd- und osteuropäischen Ländern Männer mehr involviert. Und bei ihrem Vorgehen oft auch nicht zimperlich. Auch im Alltag zeigen sich dort Männer häufig etwas »unfreundlich« und »robust« im Umgang mit dem Hund. Gleichzeitig sind Männer meist größer, massiger, haben dumpfere, oft lautere Stimmen und eine raumgreifendere Körpersprache.

Durchaus aus gutem Willen, aber eben in diesem Fall nicht gut gemacht, wird Männern geraten, sich verstärkt um den Hund zu kümmern, öfter zu ihm hinzugehen, ihn zu füttern und »lieb« mit ihm zu reden, ihn zu nehmen und spazieren zu gehen (um Zeit mit ihm zu verbringen) und so weiter. Unterm Strich alles meist nicht förderlich und die Situation nur verschlimmernd. Besser wäre es, den Hund anfangs völlig in Ruhe zu lassen, ihm Futter oder Leckerchen aus der Distanz hinzulegen – OHNE Blickkontakt aufzunehmen oder ihn anzusprechen! – und sich dann wieder zu entfernen, keinerlei Forderungen an ihn zu stellen, ihn nicht (sei es noch so »nett« gemeint) zu bedrängen (kein Nach-ihm-Greifen, kein Streicheln, kein Festhalten, auf keinen Fall in den Arm nehmen wollen), bei Spaziergängen anfangs mitzugehen, aber die Führung (noch) der Frau zu überlassen. Zeit, Ruhe und Geduld könnten die Skepsis minimieren! Bei massiveren Reaktionen sollte ein kompetenter Hundetrainer Rat gebend hinzugezogen werden!

Ich habe einen Hund aus dem Tierschutz übernommen, der sehr gestresst ist. (Geräusche in der Wohnung, fremde Hunde und fremde Menschen). Was kann ich tun? Wie sollte ich die Eingewöhnungszeit meines Hundes aus dem Tierschutz gestalten? Was ist anfangs wichtig?

Alles, was ein Hund nicht oder negativ kennengelernt hat, verunsichert, ängstigt, überfordert oder stresst! Das ist besonders bei der Übernahme eines Tierschutzhundes zu bedenken. Was für unsere westlich und »gutbürgerlich« sozialisierten Hunde »normal« ist, ist für ost- oder südeuropäische Migranten auf vier Pfoten womöglich ein Novum. Daher ist gerade in der Eingewöhnungszeit eine Reizreduzierung dringend zu empfehlen – und das in Bezug auf Objekte wie auf Subjekte (hier philosophische, nicht sprachwissenschaftliche Bedeutung von Subjekt!). Menschliche Annäherung wird eher als Bedrängung und das wohlgemeinte soziale Miteinander nicht als angenehm, geschweige denn erstrebenswert empfunden. Der mitten im Wohnzimmer vorbereitete Liegeplatz (damit der Hund immer mit dabei ist!), vermittelt ein Gefühl des Ausgeliefertseins und das ständige Beobachten des Neuzugangs irritiert zusätzlich.
In den ersten Wochen (bis zu 2–3 Monaten) muss es etwas ruhiger, klar strukturiert und im wahrsten Sinne des Wortes unaufdringlich in jeder Beziehung zugehen! Ein etwas abgelegener Ruheort, an welchen man (Hund) sich zurückziehen kann, selbst wenn dieser in den ersten Tagen nicht verlassen wird (!) hilft in der Eingewöhnungsphase. Der Neuzugang muss auch noch nicht das ganze Haus kennenlernen, zu viel Raum kann ebenfalls überfordern. Grundsätzlich ist in der ersten Zeit definitiv weniger mehr!

Mein Hund aus dem Tierheim kennt das »An-der-Leine-Laufen« nicht. Wie bringe ich ihm das bei?

Auch ein bereits älterer Hund kann angeleitet werden wie ein Welpe. Zu Beginn kann eine leichte Leine an Halsband oder Geschirr

Das Laufen an einer lockeren Leine setzt voraus, dass der Hund sich in der Nähe des Menschen wohlfühlt und sich gern an ihm orientiert. Ansonsten gilt: Selbst ist der Hund!

eingehängt werden, die der Hund zum Beispiel im Haus oder Garten hinter sich herzieht und sich so an deren »Gewicht« gewöhnt. Im nächsten Lernschritt wird die Leine in die Hand genommen, sich dem Hund gewidmet (freundliche Stimme und liebevolle Mimik) und der Hund ein paar Schritte mitgenommen. Am Anfang des Anleinens, zwischendurch beim Gehen und nach dem Ableinen kann auch gut ein Leckerchen gegeben werden, so dass die Leine und die Führung positiv abgespeichert werden. Zuerst muss ohne Ablenkung und Reizfülle über kurze Zeitspannen geübt werden, dann werden die Anforderungen und die zeitliche Spanne langsam gesteigert.

Übrigens: Den Menschen an lockerer Leine zu begleiten bedeutet in erster Linie, sich in der Nähe des Menschen wohlzufühlen, die Nähe aktiv aufzusuchen und beizubehalten und sich gern dort aufzuhalten!

Ich würde meinen Hund aus dem Tierschutz gerne im Auto mitnehmen – er steigt nicht ein. Wenn ich ihn hineinhebe, zittert er und bebt vor Angst. Wie gewöhne ich ihn daran?

Egal, ob Welpe, Junghund oder älterer Hund: Hunde, die das Autofahren nicht kennen oder nicht mögen, sollten AutoFAHREN vorerst als AutoSTEHEN kennenlernen. Manchen Hunden wird schlecht im Auto, andere kommen mit den vorbeirauschenden Reizen nicht klar, wieder anderen sind die Vibrationen und die Geräusche unheimlich. Und werden sie diesen negativen Emotionen immer wieder ausgesetzt, kommt es leicht zu negativen Verknüpfungen (auch hier findet eine Konditionierung statt, nur leider eine folgenreiche negative) und zu zunehmender Ablehnung bis Furcht vorm Auto. Deshalb ist es ratsam, den Hund zuerst an das NICHT fahrende, sondern ruhig stehende und tolle Sachen beinhaltende Gefährt zu gewöhnen:

- Das Auto steht und der Hund wird hineingehoben (zum Beispiel ein Welpe), über eine Rampe (so er das kennt und bewerkstelligen kann) in den Kofferraum geführt oder man lässt ihn selbständig hineinspringen, wenn er das mag. Im Kofferraum liegt ein toller Kauartikel (für ein kurzes Kauvergnügen!), ein befüllter Kong, einige Stücke Fleisch oder Wurst oder sonstige exklusive Leckereien oder auch ein Spielzeug. Das Auto steht dabei offen. Der Hund darf fressen oder sich das Spielzeug nehmen und verlässt dann das Auto wieder, wie er hineingekommen ist. Dies wird über den Tag verteilt zig Mal wiederholt, aber immer nur für kurze (!) Sequenzen! Der Mensch ist dabei immer mit zugegen und in unmittelbarer Nähe des Hundes.
- Im nächsten Schritt wird das Auto geschlossen, wenn der Hund drin ist, nach kurzer Zeit aber wieder geöffnet. Ist er nun mit kauen, knabbern, Kong leer schlecken noch nicht fertig, tauscht man dieses und lässt das Restliche im Auto zurück (für die nächste Übungseinheit und um den Hund zusätzlich für das Auto zu interessieren, denn der wird sich daran erinnern, dass da doch noch was Tolles war!), wenn man den Hund hinauslässt oder -führt. Bei diesem Trainingsschritt kann man sich auch selber mal mit zum Hund ins geschlossene Auto setzen, ihn kuscheln oder neben ihm ein Buch lesen. Man kann auch ruhig dem Hund vorlesen, Thema egal, da ist ein Hund nicht wählerisch! Nehmen Sie sich eine Tasse Tee mit und machen Sie es sich und dem Hund im Auto gemütlich!
- Im dritten Schritt wird der Hund schon eine freudige Erwartungshaltung haben, wenn es ans Auto geht. Nun aber bitte Vorsicht mit Futter, denn es wird aufregend(er) und soll dem Hund nicht auf den Magen schlagen! Der Mensch setzt sich ans Steuer und startet

den Motor. Doch noch immer bleibt das Auto stehen, denn eine kurze (!) Runde um den Block kommt erst im vierten Schritt.

- Klappen die vier Schritte gut, dann fährt man mit dem vierbeinigen Passagier auch schon etwas weiter, um auf einer Wiese mit ihm zu spielen, eine Runde zu laufen, einen Lieblingskumpel zu treffen oder andere, für den Hund spaßbetonte und erfreuende Dinge zu tun. So sollte es bald mit dem Automitfahren klappen.

Bitte beachten:

- Keine große Fütterung vor der Autofahrt, damit dem Hund nicht schlecht wird (= Negativerfahrung).
- Kein zu großes Raumangebot, das könnte den Hund überfordern oder er könnte hin- und herrutschen (= Negativerfahrung). Besser wäre der Transport in einer Box, zu welcher im Vorfeld aber ein Boxentraining erfolgen muss, damit der Hund sie kennt und mag!
- Nicht erste Autofahrten mit Negativerfahrungen wie dem Tierarztbesuch zum Impfen verbinden (= Negativerfahrung).
- Gerade Tierschutzhunde haben häufig negative Erfahrungen mit Transporten gemacht, sie wurden eingefangen und unter Stress von A nach B und vielleicht noch von C nach D verbracht! Hier muss besonders umsichtig vorgegangen werden!

Mein Tierschutzhund sucht die Nähe zu uns überhaupt nicht. Wie bekommen wir ihn dazu, uns zu vertrauen?

Aus dem Gefühl, es gut zu meinen und alles jetzt »schön« für den »armen Tierschutzhund« zu

Häufig haben Hunde aus dem Tierschutz unschöne Erfahrungen gemacht und legen große und umfassende Skepsis an den Tag. Sie brauchen Zeit, Ruhe und Geduld.

machen, wird der Hund oft gnadenlos überfordert. Er kennt vermutlich keine menschliche Zuwendung, ist mit den gesamten Gegebenheiten des neuen Umfeldes überfordert und hatte noch gar keine Ruhe und Zeit, geschweige denn mentale Kapazität, sich einzuleben. Ihm helfen klare Signale, ritualisierte Vorgehensweisen, immer wiederkehrende, für ihn positive Erfahrungen (zum Beispiel, dass regelmäßig zu bestimmten Zeiten Futter für ihn hingestellt wird). Gleichzeitig muss alles, was den Neuankömmling übermäßig beansprucht, also jegliche Reizkonfrontation, reduziert werden. Dazu gehört eventuell auch der Spaziergang, wenn der Hund bislang weder Halsband oder Geschirr, noch Leine und Straßenverkehr kennt! Lange Leine am Geschirr und ab in den Garten – das reicht für die ersten Tage (bis möglicherweise Wochen) unter Umständen völlig aus. Je mehr der Hund die Erfahrung macht, dass er nicht überfordert, nicht bedrängt, nicht überreizt, aber versorgt und behütet/beschützt (auch aus der Distanz!) wird, umso leichter wird es ihm fallen, mit der Zeit Vertrauen zu fassen und sich anzuschließen (siehe auch: Wie lässt sich Vertrauen aufbauen?, Seite 83, und Was ist unter Bindung zu verstehen? Wie baut man sie auf?, Seite 82).

Woran erkenne ich, dass mein Hund im Hundeschulkurs happy ist?

Mal davon abgesehen, dass der Hund vielleicht »happy« in diesem Zusammenhang anders definiert als der Mensch und lieber toben statt lernen würde, gibt es ein paar Anhaltspunkte, die dem Menschen verdeutlichen, ob der Hund

sich in der gewählten Hundeschule/im Hundeverein wohl fühlt, das Mensch-Hund-Team gut aufgehoben ist:

- Der Hund sollte während und nach dem Unterricht keinen überforderten Eindruck machen.
- Der Hund sollte Übungen gern und motiviert mitmachen können und wollen.
- Der Hund sollte das Schulungsareal fröhlich und unbeschwert betreten.
- Es sollten keine körperlichen Anzeichen von erhöhter Belastung oder Stressreaktionen während oder nach dem Schulbesuch festzustellen sein. Das könnten u. A. sein: vermehrtes Hecheln (obwohl keine Hitze oder Anstrengung), häufiges Kratzen oder Selbstbeknabbern, Erbrechen, Durchfall (Stresskoten), auffälliges Überdrehen.

Allerdings muss auch ehrlich bedacht werden, ob eventuelle Symptome durch den Hundeschulbetrieb oder doch eher durch den zum Hund zugehörigen Menschen ausgelöst werden!

Was zeichnet einen guten Trainer, eine gute Hundeschule aus?

Kompetent arbeitende Hundetrainer besitzen ein umfassendes Wissen rund um den Hund, eine gute Beobachtungsgabe, Freude und Lust am Wirken mit Menschen und ihren Hunden. Sie arbeiten methodenunabhängig und passen das Training individuell an das jeweilige Mensch-Hund-Team oder die jeweilige Gruppe an. Dabei ist es nicht langweilig und monoton, sondern es geht kreativ und zielführend vonstatten. Hintergründe zu hundlichem Verhalten und Wechselwirkungen in der Mensch-Hund-Beziehung werden verständlich und fundiert vermittelt, sodass es für den Hundebesitzer nachvollziehbar wird. Daher ist die Fähigkeit zum korrekten Ausdruck und zum sprachlichen Herüberbringen sehr wichtig. Theorie und Praxis sind gleichermaßen wichtige Bestandteile des Hundeschulunterrichts und dürfen vom Hundehalter mit allem Warum, Wie, Wo, Wann, Wodurch und Womit getrost nachgefragt werden. Ein guter Hundetrainer bildet sich kontinuierlich fort, kennt aber auch seine eigenen Grenzen und nutzt sein (hoffentlich vorhandenes) Netzwerk zur Überweisung an einen Kollegen, wenn er einmal nicht mehr weiterweiß.

Ein Verzicht auf Starkzwangmittel, Druck und Gewalt sollte sich für jeden (!) Trainer von selbst verstehen, derartige Maßnahmen haben in der Anleitung eines Lebewesens nichts zu suchen!

STICHWORTVERZEICHNIS

Bildnachweis:

©Aygun/stock.adobe.com: alle »Übrigens«-Hündchen, ©dizain/stock.adobe.com: Fragezeichen, ©rodimovpavel/stock.adobe.com: S. 130, ©Chalabala/stock.adobe.com: S. 83, ©romaset/stock.adobe.com: S. 124, ©pimmimemom/stock.adobe.com: S. 58, ©isuhi/stock.adobe.com: S. 151, AnastasiaOsipova/stock.adobe.com: S. 45, © photomic/stock.adobe.com: S. 43, Akyurt, Engin/pexels.de: S. 107, Andrews, Stephen/pexels.de: S. 93, Barczak, Damian/pexels.de: S. 125, Baumann, Jeanette: S. 126, Bayer, Stefan/pixelio.de: S. 12, 147, Bohnenkamp, Kerstin: S. 92, Brixiv/pexels.de: S. 50, Broderick, Robert/pexels.de: S. 67, Brosig, Jutta: S. 35, 66, Brüning, Lisa: S. 55, Burdick, Jayden/pexels.de: S. 137, Cansu/pexels.de: S. 84, Dettlaff, Torsten/pexels.de: S. 16/17, Diangelo, Dave/pexels.de: S. 132, Digitalice/pixelio.de: S. 102, Drecker, Melanie: S. 33, 38, 42, 123, 154, Drecker, Michaela: S. 6, S. 14, 99, 106, 110, 116/117, 118, 122, Dummer, Alexander/pexels.de: S. 75, Duskova, Jana: S. 54, 80, edgar-daniel-hernández-cervantes/pexels.de: S. 120, Feldbusch, Claudia: S. 26/27, 36, 103, 110, 133, Fiedler, Petra, Wowpix: S. 10, S. 13, S. 33, 37, 57, 94, 108, 139, 150, Funda, Susann: S. 46, 128, Grabowska, Karolina/pexels.de: S. 8, 87, Großmann, M./pixelio.de: S. 40, 115, Haug, Eugen/pixelio.de: S. 97, Heidbrink, Sven: S. 158, Hild, Josh/pexels.de: S. 18, hoy/pexels.de: S. 47, Jochims, Dr. Ulrike: S. 32, Katt, Samson/pexels.de: S. 90, Kauffeldt, Frank: S. 23, 134, 136, Kaute, Regina/pixelio.de: S. 114, Keyboardhexe/pixelio.de: S. 145, Kovacicek, Lorena: S. 55, Knappe, Rüdiger/pixelio.de: S. 39, Krivy, Petra: S. 4, 42, 69, 73, 113, 135, 149, 153, 155, Liesen, Michaela: S. 20, 129, 141, Luna, Alin/pexels.de: S. 63, Marika/pixelio.de: S. 64, Meinold, Hermann/pixelio.de: 40, Muchow, Michael/pixelio.de: S. 89, musicfactory-lehmannsound/pexels.de: S. 95, Oliver H./pixelio.de: 109, Pertschy, Brigitta: S. 51, 60, pexels.de: S. 156/157, Piepenbrink, Jennifer/pixelio.de: S. 112, Pixabay/pexels.de: S. 21, 44, 156/157, pixfoto/fotolia.com: S. 30, Ramm, Henning Hraban/pixelio.de: S. 41, Rienau, Anja: S. 78, 143, Roehr, Andreas, fotofun4u/pixelio.de: S. 53, Salzer, Helmut J./pixelio.de: S. 88, 144, sart face/pexels.de: S. 61, Schulz, Thomas: S. 76/66, Sorenson, Josh/pexels.de: S. 48/49, Sylvi/pixelio.de: S. 70, Tellhelm, Bernd: S. 31, Vitzthum, Maximilian/pexels.de: S. 82, Wagener, Dajana: S. 26, Wedel, A/pixelio.de: S. 25, Weder, Kay: S. 135, 146

GLÜCKLICH SCHNÜFFELN
VON WELPE BIS SENIOR!
Der SCHNÜFFELRASEN® ist zuhause und unterwegs das Stück Schnüffelglück, das deinen Hund begeistert.
Scanne den QR Code und erfahre mehr über den SCHNÜFFELRASEN®.
www.knaudersbest.com
KNAUDER'S
BEST

Versicherung für den Hund?
Na klar!
Denn es sollte eine Frage
des Tierwohls sein,
nicht des Geldes!
Florian Hüttenhein
Partner der
DPC Unternehmensgruppe
Mobil: 0151/46469096
Mail: huettenhein@dpc-gruppe.de
www.dpc-gruppe.de